August Weismann

Die Bedeutung der sexuellen Fortpflanzung für die Selektionstheorie

August Weismann

Die Bedeutung der sexuellen Fortpflanzung für die Selektionstheorie

ISBN/EAN: 9783741193408

Hergestellt in Europa, USA, Kanada, Australien, Japan

Cover: Foto ©Klaus-Uwe Gerhardt /pixelio.de

Manufactured and distributed by brebook publishing software (www.brebook.com)

August Weismann

Die Bedeutung der sexuellen Fortpflanzung für die

Selektionstheorie

Die Bedeutung

der

sexuellen Fortpflanzung

für die

Selektions-Theorie

von

Dr. August Weismann,

Professor in Freiburg i. Br.

———————•▷!◇◉◇◁•———————

Jena,

Verlag von Gustav Fischer

1886.

Vorwort.

Ein grosser Theil des Inhalts der vorliegenden
Schrift wurde in der ersten allgemeinen Sitzung der
deutschen Naturforscher-Versammlung zu Strassburg am
18. September 1885 vorgetragen und findet sich in den
Verhandlungen der 58. Naturforscher-Versammlung ab-
gedruckt.

Die Form des Vortrags ist auch in der jetzt vorliegenden Ausgabe beibehalten worden, der Inhalt aber
hat manche Erweiterung erfahren. Ausser vielen kleine-
ren und einigen grösseren Einschaltungen in den Text,
folgen am Schluss der Rede noch sechs „Zusätze", bestimmt, einzelne Punkte eingehender zu begründen und
besser auszuführen, als dies in dem Vortrag selbst geschehen konnte, wo öfters blosse Andeutungen genügen
mussten. Es schien mir dies um so nothwendiger,
als manche der Anschauungen und Vorstellungen, auf
denen die Rede fusst, wenn sie auch in früheren Schriften
schon von mir dargelegt sind, doch nicht als Allen be-

kanut und geläufig betrachtet werden durften. So vor Allem der Begriff der „erworbenen" Eigenschaften, der, wie es scheint, besonders in medicinischen Kreisen leicht zusammengeworfen wird mit dem viel weiteren Begriff der neu aufgetretenen Eigenschaften überhaupt. Nur solche neu auftretenden Charaktere können als erworbene bezeichnet werden, wellche äusseren Einflüssen den Ursprung verdanken, nicht aber solche, die auf dem geheimnissvollen Zusammenwirken der verschiedenen Vererbungstendenzen beruhen, wie sie im befruchteten Keim zusammentreffen. Diese Letzteren sind nicht erworben, sondern ererbt, wenn auch die Vorfahren sie selbst noch nicht besessen haben, sondern nur gewissermassen die einzelnen Elemente, aus denen sie sich zusammensetzen. Diese Art von neu auftretenden Charakteren gestattet fürs Erste noch keine genauere Analyse, wir müssen uns damit begnügen zu konstatiren, dass sie vorkommen; die erworbenen Eigenschaften aber sind für die Theorie der Vererbung von entscheidender Bedeutung und damit auch zugleich für die Mechanik der Artumwandlung. Wer mit mir der Ansicht ist, dass erworbene Charaktere nicht auf die Nachkommen übertragen werden, der wird sich auch genöthigt sehen, den Selektionsprocessen ein noch weit grösseres Feld bei der Artumwandlung einzuräumen, als bisher, denn der verändernde Einfluss äusserer Einwirkungen kann dann in einer überaus grossen Zahl von Fällen keinen Antheil an der Artumwandlung haben, da er auf das Individuum beschränkt bleibt. Derselbe

wird sich aber auch weiter veranlasst sehen, seine bis-
herige Vorstellung von der Entstehung der Variabilität
der Individuen aufzugeben und nach einer neuen Quelle
dieser Erscheinung zu suchen, ohne welche auch Selektionsprocesse nicht vor sich gehen können.

Diese Quelle nachzuweisen habe ich hier versucht.

Freiburg i. Br., 22. November 1885.

Der Verfasser.

Inhalts-Uebersicht.

Zusätze.

In dem Vierteljahrhundert, welches verflossen ist, seitdem die Biologie sich allgemeinen Problemen wieder zugewandt hat, ist durch die vereinte Arbeit zahlreicher Forscher wenigstens doch der eine Hauptpunkt zur Klarheit gebracht worden, dass die einzige, wissenschaftlich mögliche Hypothese über die Entstehung der organischen Welt die Descendenz-Hypothese ist, die Vorstellung einer Entwicklung der Organismenwelt. Nicht nur gewinnen zahlreiche Thatachen erst in ihrem Licht Sinn und Bedeutung, nicht nur fügt sich unter ihrem Einfluss Alles, was bis jetzt an Thatsachen vorliegt, zu einem harmonischen Gesammtbild zusammen, sondern auf einzelnen Gebieten hat sie sogar jetzt schon das Höchste geleistet, was von einer Theorie überhaupt erwartet werden kann, sie hat es möglich gemacht, Thatsachen vorauszusagen, nicht mit der absoluten Sicherheit der Rechnung, aber doch immerhin mit einem hohen Grad von Wahrscheinlichkeit. Man hat es vorausgesehen, dass der Mensch, der im erwachsenen Zustand bekanntlich nur 12 Rippen besitzt, im embryonalen deren 13—14 haben würde, man hat es vorausgesehen, dass er in derselben frühesten Periode seiner Existenz den unscheinbaren Rest eines kleinen Knöchelchens in seiner Handwurzel haben würde, das sog. Os centrale, das seine weit in grauer Vorzeit zurückliegenden Ahnen in erwachsenem Zustande besessen haben müssen. Beide Voraussagen trafen ein, ähnlich wie seiner Zeit der Planet Neptun entdeckt wurde, nachdem man seine Existenz aus den Störungen in der Bahn des Saturn vorausgesagt hatte.

Dass die heutigen Arten von anderen, jetzt meist ausgestorbenen abstammen, das sie nicht selbstständig entstanden sind, sondern sich aus andern entwickelt haben, und dass im Allgemeinen diese Entwickelung in der Richtung vom Einfacheren zum Verwickelteren stattgefunden hat, das dürfen wir mit derselben Bestimmtheit behaupten, mit welcher die Astronomie behauptet, die Erde bewege sich um die Sonne, denn für die Gültigkeit eines Schlusses ist es gleichgültig, ob er durch Rechnung, oder sonstwie gefunden wird.

Wenn ich diesen Satz so bestimmt hinstelle, so thue ich es nicht, weil ich etwa glaube, Ihnen damit etwas Neues zu sagen, auch nicht, weil ich glaube, eine etwa noch vorhandene Opposition bekämpfen zu müssen, sondern vielmehr deshalb, weil ich zuerst den sicheren Boden bezeichnen möchte, auf dem wir stehen, ehe ich dazu übergehe, das viele noch Unsichere ins Auge zu fassen, welches sich zeigt, sobald man von dem „ d a s s “ zu dem „ w i e “ weiter fortgeht, sobald man von dem Satz: „die Organismenwelt ist durch Entwicklung entstanden, zu der Frage kommt: „wie aber ist dies geschehen, durch

welche Kräfte, durch welche Mittel, unter welchen Umständen?

Hier ist noch nichts weniger, als Sicherheit, hier
stehen sich noch widerstreitende Meinungen entgegen,
aber hier ist auch das Gebiet für die weitere Forschung,
das unbekannte Land, in welches einzudringen ist.

Ganz unbekannt freilich ist es nicht, und wenn ich
nicht irre, so hat der moderne Wiedererwecker der so
lange in tiefem Schlaf begrabenen Descendenzhypothese,
Ch. Darwin, bereits eine Skizze dieses Gebietes ge-
liefert, die als Grundlage für die spätere vollständige
Karte sehr wohl dienen kann, wenn auch vielleicht noch
gar Manches hinzuzufügen, auch Manches wieder weg-
zunehmen sein wird. Ich meine: Darwin hat in dem
Selektionsprinzip den Weg gezeigt, auf welchem
wir in das unbekannte Land eindringen können.

Nicht Alle aber unter uns sind dieser Ansicht, und
erst kürzlich hat Karl Nägeli[1]), der hochverdiente
Botaniker, seine Zweifel an der Tragweite des Selektions-
prinzips energisch zum Ausdruck gebracht. Ihm scheint
das Zusammenwirken der äusseren Lebensbedingungen
mit den bekannten Kräften der Organismen: Vererbung und Variabilität nicht zu genügen, um den „ge-
setzmässigen" Gang in der Entwicklung der Organismenwelt zu erklären, ihm ist das Selektionsprinzip höchstens
ein Hülfsprinzip, das Vorhandenes annimmt oder ver-
wirft, das aber nicht im Stande ist, selbst Neues zu
schaffen. Er sucht die Ursache der Umwandlungen im

---

1) C. Nägeli, „Mechanisch-physiologische Theorie der Abstammungslehre". München u. Leipzig 1884.

Inneren der Organismen allein, indem er in sie eine Kraft verlegt, die es mit sich bringt, dass periodische Umwandlungen der Arten eintreten. Er denkt sich die Organismenwelt als Ganzes in ähnlicher Weise entstanden, wie das einzelne Individuum.

Wie aus einem Samenkorn eine bestimmte Pflanze hervorwächst, in Folge der Beschaffenheit dieses Samenkorns, und wie dabei zwar gewisse äussere Bedingungen erfüllt sein müssen — Licht, Wärme, Feuchtigkeit u. s. w. —, damit die Entwicklung eintrete, ohne aber für die Art und Weise derselben bestimmend zu sein, so soll auch aus den ersten und niedersten Anfängen des Lebens auf unserer Erde allmählich der ganze Baum der Organismenwelt mit innerer Nothwendigkeit hervorgewachsen sein, unabhängig im Grossen und Ganzen seiner Gestaltung von den äusseren Einflüssen. In der lebenden Substanz selbst, in ihrer Molekularstruktur soll die Ursache liegen, dass sie sich von Zeit zu Zeit, d. h. im Laufe ihres säkularen Wachsthums, verändert und sich zu neuen Arten umprägt.

Nicht ohne aufrichtige Bewunderung und wahren Genuss kann man die Darlegungen lesen, in denen Nägeli gewissermassen das Facit seines arbeit- und erfolgreichen Lebens in Bezug auf die grosse Frage der Entwicklung der organischen Welt zieht. Aber so viel Freude man auch an dem, wie ein Kunstwerk, phantasievoll entworfenen und scharfsinnig ausgeführten theoretischen Gebäude empfindet, soviel Anregung man daraus schöpft, und so überzeugt man ist, dass es Fortschritt in sich birgt und die Schwelle bildet, über die wir zu mancher

tieferen Erkenntniss gelangen werden — in der G r u n d -
a n s c h a u u n g ist man doch ausser Stande, beizustimmen,
und ich glaube, es wird nicht nur mir allein so gehen,
sondern — auf zoologischem Gebiete wenigstens — wird
es Wenige geben, die sich N ä g e l i in seiner Grundanschauung anschliessen können.

Es ist nicht meine Absicht, heute meine abweichende
Meinung im Speziellen zu begründen, aber der eigentliche Gegenstand dieser Abhandlung nöthigt mich, wenigstens kurz meine Stellung N ä g e l i gegenüber zu bezeichnen und zu motiviren, warum mir auch heute noch
eine innere treibende, d. h. aktive Umwandlungskraft
oder -Ursache nicht annehmbar scheint und warum ich
an der Selektionstheorie festhalten muss.

Die Theorie einer solchen phyletischen Umwandlungskraft (1) hat meiner Ansicht nach den grössten
Mangel, den eine Theorie überhaupt haben kann: s i e
e r k l ä r t   d i e   E r s c h e i n u n g e n   n i c h t ! und nicht
etwa in dem Sinn, dass sie zur Zeit noch nicht im Stande
wäre, diese oder jene mehr untergeordnete Erscheinung
verständlich zu machen — nein! sie lässt gerade die
überwältigende Masse der Thatsachen völlig unerklärt;
s i e   h a t   k e i n e E r k l ä r u n g   f ü r   d i e   Z w e c k m ä s s i g -
k e i t   d e r   O r g a n i s m e n ! Und diese ist doch gerade
das Haupträthsel, welches uns die organische Welt zu
lösen aufgibt! Dass die Arten sich von Zeit zu Zeit in
neue umwandeln, das liesse sich ja allenfalls auch durch
eine innere Umwandlungskraft verstehen; dass sie sich
aber g e r a d e   i n   d e r   W e i s e umwandeln, wie es für
die neuen Bedingungen, unter denen sie zu existiren

haben, zweckmässig ist, das bleibt dabei völlig unverständlich. Oder sollen wir Nägeli's Behauptung, der Organismus besitze die Fähigkeit, sich auf irgend einen äusseren Reiz zweckentsprechend umzugestalten, für eine Erklärung gelten lassen? (2).

Diesem fundamentalen Mangel gegenüber kommt es kaum noch in Betracht, dass doch auch irgend ein Beweis für die Grundlage der Theorie, für die Existenz einer inneren Umwandlungsursache vollständig fehlt.

In genialer Weise hat Nägeli seinen bedeutungsvollen Begriff des Idioplasmas konstruirt. Derselbe ist sicherlich eine wichtige Errungenschaft und wird Dauer haben, wenn auch nicht in der speziellen Ausführung, welche ihm sein Erfinder gegeben hat. Ist aber eben diese spezielle Ausführung, ist die scharfsinnig ausgedachte Darstellung, welche von der feinsten Molekularstruktur dieses hypothetischen Lebensträgers gegeben wird, etwas mehr, als reine Hypothese? Könnte dieses Idioplasma nicht auch in Wirklichkeit ganz anders gebaut sein, als Nägeli meint, und können Schlüsse, die aus dieser vermeintlichen Struktur gezogen werden, irgend etwas beweisen? Wenn wirklich aus der Struktur dieses Idioplasmas mit Nothwendigkeit hervorginge, dass es sich im Laufe der Zeiten verändern muss, so thut es dies doch nur deshalb, weil Nägeli es von vornherein darauf eingerichtet hat! Niemand wird zweifeln, dass sich auch eine Idioplasma-Struktur ausdenken liesse, bei der eine Abänderung von innen heraus ganz unmöglich wäre.

Mag es aber auch theoretisch möglich sein, eine

solche Substanz auszudenken, deren physische Natur es
mit sich bringt, dass sie sich durch blosses Wachsthum
in bestimmter Weise verändert, in jedem Fall wären wir
zu ihrer Annahme und damit zur Annahme eines
neuen, völlig unbekannten Prinzips nur dann
berechtigt, wenn erwiesen wäre, dass wir mit den bekannten Kräften zur Erklärung der Erscheinungen
nicht ausreichen.

Dass aber dieser Beweis erbracht wäre, wer möchte
das behaupten? Wohl wird stets wieder von Neuem
auf die Regelmässigkeit und Gesetzmässig-
keit hingewiesen, welche besonders in der phyletischen
Entwicklung des Pflanzenreichs hervortrete, auf das
Ueberwiegen und die grosse Beharrlichkeit der sog. rein
morphologischen Charaktere bei den Pflanzen.
Aber wenn nun auch aus der natürlichen Gruppenbildung
des Pflanzen- und nicht minder des Thierreichs unzweifelhaft hervorgeht, dass die Organismenwelt in ihrer Entfal-
tung sehr häufig längere oder kürzere Zeiträume hindurch
bestimmte Entwicklungsrichtungen einhält, zwingt denn
das schon zur Annahme unbekannter innerer Kräfte, die
diese Richtung bestimmen?

Ich habe schon vor vielen Jahren zu zeigen versucht [1]) — und zwar damals gegen Darwin — dass
die Konstitution eines Organismus, die physische Natur
einer jeden Art einen beschränkenden Einfluss auf seine
Veränderungsfähigkeit ausüben muss. Es kann nicht
eine bestimmte Art sich in jede denkbare neue Art um-

---

[1]) „Ueber die Berechtigung der Darwin'schen Theorie" Leipzig
1868, p. 27.

wandeln, ein Käfer kann nicht zu einem neuen Wirbel-
thier werden, nicht einmal zu einer Heuschrecke, oder
einem Schmetterling, sondern zunächst nur zu einer neuen
Käferart und zwar nur zu einer Käferart derselben
Familie und derselben Gattung. Das Neue kann nur an
das schon Gegebene anknüpfen, und allein darin liegt
schon die Nothwendigkeit, dass bestimmte Richtungen
der phyletischen Entwicklung eingehalten werden.

Ich begreife vollkommen, dass es dem Botaniker
näher liegt, als dem Zoologen, zu innern Entwicklungs-
kräften seine Zuflucht zu nehmen; die Beziehungen der
Form zur Funktion, die Anpassung des Organismus an
die innern und äussern Lebensbedingungen treten bei
den Pflanzen weniger hervor, fallen weniger in's Auge,
ja sind oft nur mit grossem Aufwand von Beobachtung
und Scharfsinn überhaupt aufzudecken. Die Versuchung
liegt deshalb näher, Alles von innern beherrschenden
Ursachen abhängig zu denken. Nägeli fasst dies nun
freilich gerade umgekehrt auf, er meint, bei den Pflanzen
trete gerade die eigentliche, tiefere Ursache der
Umwandlungen zu Tage, die bei den Thieren durch die
Anpassungen mehr verschleiert werde [1]. Aber ist es
wirklich ein ausreichender Grund zu dieser Auffassung,
dass man viele Charaktere der Pflanzen noch nicht als
Anpassungen zu erkennen vermag? Wie sehr ist doch
die Zahl der vermeintlichen „morphologischen" Merkmale der Pflanzen in diesen letzten zwei Jahrzehnten
zusammengeschmolzen! In wie ganz anderm Licht er-

---

[1] A. a. O. Vorwort, p. VI.

scheinen heute die oft so sonderbaren und scheinbar so willkürlichen F o r m e n u n d F a r b e n d e r B l u m e n, seitdem die alte Entdeckung S p r e n g e l's durch D a r - w i n's Untersuchungen zur Geltung gebracht und durch H e r m a n n M ü l l e r in bewunderungswürdiger Weise weitergeführt wurde! Und nun hat sich auch der früher für ganz bedeutungslos gehaltene A d e r v e r l a u f d e r B l ä t t e r unter der scharfsichtigen Analyse von J u l i u s S a c h s als biologisch höchst bedeutungsvoll herausge- stellt (3). Und wir stehen doch noch nicht am Ende der Forschung, und es lässt sich nicht absehen, warum wir nicht dereinst auch noch dahin kommen sollten, die heute noch unverständlichen Charaktere als durch ihre Funktion bedingt verstehen zu lernen!

Jedenfalls kann der T h i e r - B i o l o g e gar nicht genug betonen, wie genau und wie bis in's Kleinste hinein Form und Funktion zusammenhängen, wie vollkommen beherrschend die Anpassung an bestimmte Lebensbe- dingungen sich im thierischen Körper geltend macht. Da i s t nichts Gleichgültiges, Nichts, was auch anders sein könnte; jedes Organ, ja jede Zelle und jeder Zell- theil ist gewissermassen abgestimmt auf die Rolle, welche er der Aussenwelt gegenüber zu übernehmen hat.

Gewiss sind wir nicht im Stande, bei irgend einer Art a l l e diese Anpassungen nachzuweisen, aber wo immer es uns auch gelingt, die Bedeutung eines Strukturver- hältnisses zu ergründen, entpuppt es sich immer wieder als eine Anpassung, und wer je es versucht hat, den Bau irgend einer Art eingehend zu studiren und sich Rechenschaft zu geben von der Beziehung seiner Theile zur Funktion des Ganzen, der wird sehr geneigt sein, mit mir zu sagen: es beruht Alles auf Anpassung, es gibt keinen Theil des Körpers, und sei es der kleinste und unbedeutendste, überhaupt kein Strukturverhältniss, das nicht entstanden wäre unter dem Einfluss der Lebensbedingungen, sei es bei der betreffenden Art selbst, sei es bei ihren Vorfahren; keines, das nicht diesen Lebensbedingungen entspräche, wie das Flussbett dem in ihm strömenden Fluss.

Das sind Ueberzeugungen — ich gebe es zu — keine absoluten Beweise, denn bis jetzt sind wir eben nicht im Stande, irgend eine Art so zu durchschauen, dass wir Wesen und Bedeutung aller ihrer Theile in allen ihren Beziehungen nachweisen könnten, und sind noch viel weniger im Stande, in jedem einzelnen Fall in die Geschichte der Vorfahren hinabzusteigen und die Entstehung solcher Bauverhältnisse zu eruiren, deren Vorhandensein bei den Nachkommen in erster Linie auf Vererbung beruht. Aber es liegt doch bereits ein recht beachtenswerther Anfang eines Induktionsbeweises vor, denn die Zahl der nachweisbaren Anpassungen ist jetzt schon eine überaus grosse und sie mehrt sich mit jedem Tage. Wenn nun aber der Organismus überhaupt nur aus Anpassungen auf Grundlage der Konstitution der Vorfahren besteht, dann ist nicht abzusehen, was noch zu thun übrig bliebe für eine phyletische Kraft, mag man sie sich auch in der verfeinerten Form des Nägeli'-schen selbstveränderlichen Idioplasma's vorstellen.

Vielleicht ist es nicht nutzlos, meine Ansicht an einem bestimmten Beispiel anschaulich zu machen. Ich

wähle eine bekannte Thiergruppe: die Wale oder Wal-
fische. Es sind Säugethiere und zwar placentale Säuger,
welche aller Wahrscheinlichkeit nach zur Sekundärzeit
durch Anpassung an das Wasserleben aus Landsäuge-
thieren hervorgingen.

Alles nun, was für sie charakteristisch ist, was sie
von den übrigen Säugethieren scheidet, beruht auf Anpassung, auf Anpassung an das Wasserleben.
Ihre Arme sind zu steifen, nur noch im Schultergelenk
beweglichen Flossen umgewandelt, auf ihrem Rücken, an
ihrem Schwanz breitet sich ein Hautkamm aus, ähnlich der Rücken- und Schwanzflosse der Fische; ihr
Gehör ist ohne Ohrmuschel und ohne lufthaltigen
äussern Gehörgang; die Schallwellen kommen nicht durch
den äussern Gehörgang zum mittleren und von diesem
zum eigentlich percipirenden innern Ohr, sondern sie
gehen direkt durch die besonders dazu eingerichteten
lufthaltigen Kopfknochen zur Paukenhöhle und von hier
durch das runde Fenster zum Labyrinthwasser der
Schnecke, eine Einrichtung die man dem Luftgehör der
übrigen Säugethiere gegenüber als Wassergehör bezeichnen könnte. Auch die Nase zeigt Besonderheiten;
sie öffnet sich nicht vorn an der Schnauze, sondern oben
an der Stirn, so dass das luftbedürftige Thier auch im
sturmbewegten Meer athmen kann, sobald es an die Oberfläche emportaucht. Der ganze Körper hat sich in die
Länge gestreckt, ist spindelförmig, fischähnlich geworden,
geschickt zum raschen Durchschneiden des flüssigen Ele-
ments. Bei keinem andern Säugethier, die ebenfalls fisch-
ähnlichen Sirenen ausgenommen, fehlen die hintern Ex-

tremitäten, die Beine; bei den Walen aber sind sie
wie bei den Sirenen durch den mächtig entwickelten
Ruderschwanz überflüssig geworden, sind rudimentär geworden und stecken jetzt tief im Fleisch des Thieres
verborgen, als eine Reihe kleiner Knochen und Muskeln,
die noch den ursprünglichen Bau des Beines bei einzelnen
Arten erkennen lassen. Aus demselben Grund, weil es
überflüssig war, ist das den Säugethieren zukommende
Haarkleid geschwunden; die Wale brauchen es nicht
mehr, weil eine dicke Specklage unter der Haut ihnen
einen noch besseren Wärmeschutz verleiht. Diese aber
wiederum war nothwendig, um ihr specifisches Gewicht herabzusetzen und dem des Seewassers gleich
zu machen. Sehen wir uns den Bau des Schädels
an, so zeigt auch dieser eine ganze Reihe von Eigenthümlichkeiten, die alle direkt oder indirekt mit der
Lebensweise zusammenhängen. Bei den Bartenwalen fällt
besonders die ungeheure Grösse des Gesichtstheils
des Schädels auf, die ganz enormen Kiefer, welche einen
ungeheuren Rachen umschliessen. Ist vielleicht diese so
sehr charakteristische Bildung ein Ausfluss jener innern
Bildungskraft, jener innern selbstständigen Umwandlungen
des Idioplasma's? Keineswegs! Denn es lässt sich leicht
zeigen, dass sie auf Anpassung an ganz eigenthümliche
Ernährungsweise beruht. — Zähne fehlen, sie
sind nur noch als Zahnkeime beim Embryo vorhanden,
eine Reminiscenz an die bezahnten Ahnen; von der Decke
der Mundhöhle aber hängen grosse Platten von Fisch-
bein senkrecht herab, an den Enden in Fransen zer-
schlissen. Diese Wale leben von kleinen, etwa zoll-

langen Weichthieren, welche in zahllosen Schaaren im
Meer umherschwimmen oder -treiben. Um nun von so
winzigen Bissen leben zu können, ist es unerlässlich, dass
die Thiere sie in kolossaler Menge bekommen können,
und dies wird erreicht durch den ungeheuren Rachen,
der grosse Wassermassen auf einmal aufnehmen und
durch die Barten durchseihen kann; das Wasser läuft
ab, die kleinen Weichthiere aber bleiben im Rachen zu-
rück. Soll ich nun noch hinzufügen, dass auch die
inneren Organe, soweit wir ihre Funktion im Genaueren
verstehen, und insofern sie abweichen vom Bau der
andern Säuger, direkt oder indirekt durch die Anpassung
an das Wasserleben verändert sind? Dass sehr eigenthümliche Einrichtungen an der inneren Nase und dem
Kehlkopf vorhanden sind, die gleichzeitiges Athmen und
Schlucken ermöglichen, dass die Lungen von unge-
wöhnlicher Länge sind, und dadurch dem Wal die hori-
zontale Lage im Wasser geben, ohne dass Muskelan-
strengung stattzufinden braucht; dass das Zwerchfell
in Folge dieser Länge der Lungen beinahe horizontal
liegt, dass gewisse Einrichtungen an den Blutgefässen
getroffen sind, die dem Thier das lange Tauchen ge-
statten, u. s. w.?

Und nun wiederhole ich meine vorhin gestellte Frage
in Bezug auf diesen speziellen Fall: Wenn Alles,
was an den Thieren Charakteristisches ist,
auf Anpassung beruht, was bleibt dann noch
übrig für die Thätigkeit einer inneren Entwicklungskraft? Oder was bleibt noch vom Walfisch
übrig, wenn man die Anpassungen hinwegnimmt? Nichts

als das allgemeine Schema eines Säugethiers;
dieses aber war schon vor der Entstehung der Wale in
ihren Vorfahren gegeben, die bereits Säugethiere gewesen
sein müssen. Wenn aber das, was die Wale zu Walen
macht, durch Anpassung entstanden ist, dann hat also
die innere Entwicklungskraft keinen Antheil
an der Entstehung dieser Gruppe von Thieren.
Und doch soll diese Kraft der Hauptfaktor der
Transmutationen sein, und Nägeli sagt ganz ausdrücklich, dass das Thier- und Pflanzenreich ungefähr so,
wie es thatsächlich ist, auch dann geworden sein würde,
wenn es auf der Erde gar keine Anpassung an neue
Verhältnisse und keine Concurrenz im Kampf ums Dasein gäbe. (A. a. O. p. 117 u. p. 286).

Aber gesetzt auch, es sei nicht bloss ein Verzicht
auf eine Erklärung, sondern eine Erklärung selbst, wenn
man sagt, ein Organismus, dessen charakteristische Eigenthümlichkeiten alle auf Anpassung beruhen, sei durch
innere Entwicklungskraft ins Dasein gerufen worden,
so bliebe doch immer noch unbegreiflich, wie es kommt,
dass dieser für ganz bestimmte Lebensbedingungen be-
rechnete und unter anderen Bedingungen gar nicht
existenzfähige Organismus gerade an der Stelle der Erde
auftrat und zu der Zeit der Erdentwicklung, welche die
geeigneten Existenzbedingungen darbot. Wie ich schon
früher einmal sagte: Die Anhänger einer innern Entwicklungskraft sind genöthigt, eine Hülfshypothese zu
erfinden, eine Art von prästabilirter Harmonie,
welche es mit sich bringt, dass die Veränderungen der
Organismenwelt Schritt für Schritt parallel gehen den

Veränderungen der Erdrinde und der Lebensbedingungen, sowie nach Leibnitz Körper und Geist, obgleich unabhängig von einander, doch vollkommen parallel gehen, wie zwei gleichgehende Chronometer. Und selbst mit einer solchen Annahme käme man nicht aus, weil eben nicht blos die Zeit, sondern auch der Ort in Betracht kommt, und weil es einem Walfisch nichts nützt, wenn er auf dem Trocknen entsteht. Und wie unzählige Fälle kennen wir nicht, in denen eine Art ausschliesslich einem ganz bestimmten Fleckchen der Erde genau angepasst ist und nirgends anders gedeihen könnte! Denken sie nur an die Fälle von Nachäffung, in welchen ein Insekt das andere kopirt und dadurch Schutz erhält, oder an die schützende Nachahmung einer bestimmten Baumrinde, eines bestimmten Blattes, oder an die oft so wunderbaren Anpassungen an ganz bestimmte Theile eines ganz bestimmten Wirthes bei den parasitisch lebenden Thieren!

Solche Arten können sich an keiner anderen Stelle gebildet haben, als an der, an welcher sie allein leben können; sie können nicht entstanden sein durch eine innere Umwandlungskraft! Wenn aber einzelne Arten und zwar ganze Ordnungen, wie die der Wale unabhängig von ihr entstanden sein müssen, dann dürfen wir kühn behaupten: eine solche Kraft existirt überhaupt nicht, wir haben weder einen Grund, noch ein Recht zu ihrer Annahme.

So wird es denn gerechtfertigt erscheinen, wenn wir den Versuch Darwin's fortführen, auf die Annahme unbekannter Kräfte verzichtend, die Umwandlungen der Organismen aus den bekannten Kräften und Erscheinungen abzuleiten. Ich sage: fortführen, weil ich nicht glaube, dass unsere Erkenntniss mit Darwin nach dieser Richtung hin abgeschlossen ist, ja weil es mir scheint, dass wir inzwischen zu Vorstellungen gekommen sind, die unverträglich sind mit wichtigen Punkten seiner Auffassung, die somit eine Aenderung derselben nöthig machen.

Die Selektionstheorie lässt neue Arten daraus hervorgehen, dass von Zeit zu Zeit veränderte Lebensbedingungen eintreten, welche neue Ansprüche an den Organismus stellen, falls er ihnen auf die Dauer Stand halten soll, und dass in Folge dessen Selektionsprozesse einsetzen, welche bewirken, dass unter den vorhandenen Variationen allein diejenigen erhalten bleiben, welche den veränderten Lebensbedingungen am meisten entsprechen. Durch stete Auswahl in der gleichen Richtung häufen sich die anfangs noch unbedeutenden Abweichungen und steigern sich zu Art-Unterschieden.

Dabei möchte ich schärfer, als es Darwin gethan hat, betonen, dass die Veränderungen der Lebensbedingungen sowohl als die des Organismus in kleinsten Schritten erfolgen müssen, langsam, und zwar so, dass in keinem Augenblick des ganzen Umwandlungsvorgangs die Art den Lebensbedingungen nicht genügend angepasst bliebe. Die plötzliche, sprungweise Umwandlung ist nicht denkbar, weil sie die Art existenzunfähig machen müsste. Wenn die gesammte Organisation eines Thieres auf Anpassung beruht, wenn der Thierkörper gewissermassen eine ungemein komplizirte Kombination von alten und

neuen Anpassungen ist, dann würde es doch ein höchst
wunderbarer Zufall sein, wenn bei einer plötzlichen
Abänderung zahlreicher Körpertheile d i e s e a l l e g e r a d e
s o a b ä n d e r t e n, dass sie zusammen wieder ein Ganzes
bildeten, welches mit den veränderten äusseren Bedingungen genau stimmt. Diejenigen, welche eine sprungweise Umwandlung annehmen, übersehen dabei, wie genau
Alles an einem thierischen Organismus auf die E x i s t e n z -
f ä h i g k e i t d e r A r t berechnet ist, wie es g e r a d e
d a z u a u s r e i c h t, n i c h t a b e r d a r ü b e r h i n a u s,
und wie die kleinste Veränderung des unscheinbarsten
Organs genügen kann, um Existenzunfähigkeit der Art
herbeizuführen.

Man wird mir vielleicht einwerfen, dass dies bei
P f l a n z e n anders sei, wie die verschiedenen ameri-
kanischen Unkräuter bewiesen, die in Europa sich ausgebreitet haben, oder die europäischen Pflanzen, die in
Australien heimisch geworden sind. Man könnte auch
Bezug nehmen auf jene Pflanzen, welche zur Eiszeit die
Ebene bewohnten, später aber theils auf die Alpen, theils
in den hohen Norden gewandert sind und die trotz des
langen Aufenthalts unter so — wie es scheint — ganz
verschiedenen Existenzbedingungen sich dennoch gleich-
geblieben sind. Aehnliche Beispiele gibt es auch auf
thierischem Gebiet. Das K a n i n c h e n, welches vor
400 Jahren ein Matrose auf der afrikanischen Insel
P o r t o - S a n t o aussetzte, hat sich dort in zahlreichen
Nachkommen festgesetzt; die europäischen F r ö s c h e,
welche man nach M a d e i r a brachte, haben sich dort
bis zu einer förmlichen Landplage vermehrt, und der

europäische Sperling gedeiht heute in Australien so
gut wie bei uns. Aber beweist dies, dass es auf die
Anpassung an die Lebensbedingungen nicht so genau
ankommt? dass ein Organismus, der für ein bestimmtes
Wohngebiet angepasst ist, auch unter andern Existenzbedingungen existenzfähig bleibt? Es beweist meines
Erachtens nichts Anderes, als dass die betreffenden Arten
in jenen fremden Ländern dieselben Lebensbedingungen
vorfanden, wie zu Hause, oder doch solche, denen sich
ihr Organismus unterwerfen konnte, ohne sich zu ändern.
Nicht jede Verschiedenheit eines Wohngebietes setzt auch
schon für jede Pflanze oder Thierart veränderte Bedingungen. Das Kaninchen von Porto-Santo nährt sich
gewiss von andern Kräutern als seine wilden Verwandten
in Deutschland, aber das bedeutet für die Art keine
Veränderung der Lebensbedingungen, denn beide bekommen ihm gleich gut.

Nehmen Sie aber dem wilden Kaninchen, wie es in
Europa noch vorkommt, nur ein Minimum von seiner
Scheuheit oder seiner Scharfsichtigkeit oder seinem feinen
Gehör oder Geruch, oder geben Sie ihm eine andere als
seine natürliche Körperfärbung, so wird es als Art nicht
mehr existenzfähig sein und wird durch seine Feinde aus-
gerottet werden. Sehr wahrscheinlich würde dieselbe Folge
eintreten, wenn Sie im Stande wären, irgend eine Veränderung an inneren Organen, der Lunge, der Leber, den
Kreislaufsorganen eintreten zu lassen; das einzelne
Thier würde dadurch vielleicht nicht lebensunfähig
werden, aber die Art würde nach irgend einer Seite hin
von dem Maximum ihrer Leistungsfähigkeit herabsinken

und dadurch als A r t existenzunfähig werden. Die sprungweise Umwandlung der Arten erscheint mir — auf zoologischem Gebiet mindestens — als physiologisch undenkbar.

So würde denn also die Umwandlung der Arten
nur in kleinsten Schritten erfolgt sein und würde
beruhen auf der Summation jener Unterschiede, welche
ein Individuum vom andern kennzeichnen, der individuellen Unterschiede. Es leidet keinen Zweifel,
dass solche überall vorhanden sind, und es erscheint
sonach auf den ersten Blick ganz selbstverständlich, dass
sie auch alle das Material darstellen können, mittelst
dessen Selektion neue Formen hervorbringt. Die Sache
ist indessen nicht so einfach, als sie bis vor Kurzem
noch erschien, wenn wenigstens richtig ist, was ich
selbst für richtig halte, dass bei allen durch ächte
Keime sich fortpflanzenden Thieren und
Pflanzen nur solche Charaktere auf die folgende Generation übertragen werden können,
welche der Anlage nach schon im Keim enthalten waren.

Ich stelle mir vor, dass die Vererbung darauf
beruht, dass von der wirksamen Substanz des Keimes,
dem Keimplasma, stets ein Minimum unverändert
bleibt, wenn sich der Keim zum Organismus entwickelt,
und dass dieser Rest des Keimplasma's dazu dient, die
Grundlage der Keimzellen des neuen Organismus zu
bilden [1]). Es besteht demnach also Continuität des

---

[1]) Vergl. Weismann „Ueber die Vererbung". Jena 1883 und
„Die Continuität des Keimplasma's als Grundlage einer Theorie der
Vererbung", Jena 1885.

Keimplasma's von einer zur anderen Generation.
Man kann sich das Keimplasma vorstellen als eine lang
dahinkriechende Wurzel, von welcher sich von Strecke
zu Strecke einzelne Pflänzchen erheben: die Individuen
der aufeinanderfolgenden Generationen.

Daraus folgt nun: die Nichtvererbbarkeit
erworbener Charaktere, denn wenn das Keimplasma nicht in jedem Individuum wieder neu erzeugt
wird, sondern sich von dem vorhergehenden ableitet, so
hängt seine Beschaffenheit, also vor allem seine Molekularstruktur nicht von dem Individuum ab, in dem es
zufällig gerade liegt, sondern dies ist gewissermassen
nur der Nährboden, auf dessen Kosten es wächst; seine
Struktur aber ist von vorneherein gegeben.

Nun hängen aber die Vererbungstendenzen, deren
Träger das Keimplasma ist, eben an dieser Molekularstruktur, und es können somit nur solche Charaktere
von einer auf die andere Generation übertragen werden,
welche anererbt sind, d. h. welche virtuell von vornherein in der Struktur des Keimplasma's gegeben waren,
nicht aber Charaktere, die erst im Laufe des Lebens
in Folge besonderer äusserer Einwirkungen erworben
wurden.

Man hat bisher bekanntlich das Gegentheil angenommen; es galt als selbstverständlich, dass auch erworbene Eigenschaften sich vererben könnten, und man
suchte sich durch verschiedene, immer sehr komplicirte
und künstliche Theorien plausibel zu machen, wie es
möglich sei, dass Abänderungen, die im Laufe des Lebens
durch äussere Einwirkungen entstehen, sich dem Keim

mittheilen und so übertragbar werden. Bis jetzt liegt noch keine Thatsache vor, welche wirklich bewiese, dass erworbene Eigenschaften vererbt werden können — Vererbung künstlich erzeugter Krankheiten ist nicht beweisend — und so lange dies nicht der Fall ist, haben wir kein Recht, diese Annahme zu machen, es sei denn, dass wir dazu gezwungen würden durch die Umöglichkeit, die Artumwandlung ohne diese Annahme zu beweisen (4).

Offenbar war es auch das dunkle Gefühl, dass die Sache so liege, welches es bisher verhindert hat, an das Axiom der Vererbbarkeit erworbener Charaktere zu rühren; man glaubte dasselbe nicht entbehren zu können zur Erklärung der Artumwandlung; nicht nur Solche, die der direkten Einwirkung äusserer Einflüsse Viel einräumen, sondern auch Diejenigen, die das Meiste auf Selektionsprocesse beziehen.

Die erste und nicht zu missende Grundlage der Selektionstheorie ist die individuelle Variabilität; diese liefert das Material kleinster Unterschiede, durch deren Summation im Laufe der Generationen neue Formen entstehen sollen. Wo sollen aber vererbbare individuelle Merkmale herkommen, wenn die Veränderungen, welche das Individuum im Laufe seines Lebens in Folge äusserer Einflüsse erfährt, nicht vererbbar sind? Es muss möglich sein, eine andere Quelle erblicher individueller Verschiedenheiten nachzuweisen, sonst würde entweder die Selektionstheorie hinfällig werden, — in dem Fall nämlich, dass sich das thatsächliche Fehlen erblicher individueller Unter-

schiede herausstellte, — oder, wenn solche Unterschiede
unzweifelhaft existiren, so würde dies zeigen, dass in
der Ihnen soeben skizzirten Theorie von der Continuität
des Keimplasma's und der damit verbundenen Nichtver-
erbung erworbener Eigenschaften ein Fehler stecken
müsse. Ich glaube indessen, dass es sehr wohl möglich
ist, sich die Entstehung vererbbarer individueller Unterschiede noch in anderer Weise vorzustellen, als es bisher geschehen ist, und dies zu thun, ist die Aufgabe,
die ich mir heute gestellt habe.

Man konnte bisher sich die Entstehung der individuellen Variabilität etwa folgendermassen zurechtlegen:
Aus den Erscheinungen der Vererbung muss geschlossen
werden, dass ein jeder Organismus die Fähigkeit besitzt, Keime zu liefern, aus welchen g e n a u e C o p i e e n
s e i n e r s e l b s t hervorgehen können — theoretisch
wenigstens. In Wirklichkeit aber wird dies nun nie vollständig genau der Fall sein, und zwar deshalb, weil
jeder Organismus zugleich auch die Eigenschaft besitzt,
auf die verschiedenen äusseren Einflüsse, welche ihn
treffen und ohne welche er sich weder entwickeln, noch
überhaupt existiren könnte, in verschiedener Weise zu
reagiren, in dieser oder jener Weise verändert zu werden.
G u t e E r n ä h r u n g lässt ihn stark und gross, s c h l e c h t e
klein und schwach werden, und was für das Ganze gilt,
gilt auch für die einzelnen Theile. Da nun selbst die
Kinder e i n u n d d e r s e l b e n Mutter vom Beginn ihrer
Existenz an immer schon von verschiedenartigen und verschieden starken Einwirkungen getroffen werden, so müssen
sie nothwendigerweise auch dann ungleich werden, wenn

sie von absolut identischen Keimen abstammten mit genau
den gleichen Vererbungstendenzen.

Damit hätten wir denn also individuelle Verschiedenheiten. Sobald nun aber erworbene Eigenschaften nicht
vererbbar sind, wird diese ganze Deduction hinfällig,
denn alle Veränderungen, welche durch bessere oder
schlechtere Ernährung einzelner Theile oder des ganzen
Organismus hervorgerufen werden, inbegriffen die Resultate der Uebung, des Gebrauchs oder Nicht-
gebrauchs einzelner Theile, sie alle können keine
erbliche Unterschiede abgeben, können nicht auf die
folgende Generation übertragen werden; sie sind, so zu
sagen, vorübergehende, passante Charaktere.

Die Kinder des Klaviervirtuosen erben nicht die
Kunst des Klavierspiels, sie müssen sie ebenso
mühsam lernen, wie der Vater; sie erben nichts, als was
der Vater auch als Kind schon besessen hat, eine ge-
schickte Hand und ein musikalisches Gehirn. Auch die
Sprache erben unsere Kinder nicht von uns, obwohl
doch nicht nur wir, sondern eine beinahe endlos scheinende
Reihe von Vorfahren dieselbe ausgeübt hat. Erst kürzlich sind wieder die Thatsachen zusammengestellt und
verarbeitet worden [1]), welche lehren, dass menschliche
Kinder hoch civilisirter Nationen, wenn sie isolirt von
Menschen in der Wildniss aufwachsen, keine Spur einer
Sprache aufweisen. Die Fähigkeit zu sprechen ist eine
erworbene oder passante, keine ererbte Eigenschaft;
sie vererbt sich nicht, sie vergeht mit ihrem Träger.

---

1) Vergl. Rauber „Homo sapiens ferus oder die Zustände der
Verwilderten" Leipzig 1885.

Damit stimmen auch die Erfahrungen auf pflanz-
lichem Gebiete, ja sie sind hier ganz besonders
prägnant.

Wenn Nägeli[1]) Alpenpflanzen von ihrem natürlichen Standort in den botanischen Garten von München
versetzte, so veränderten sich manche Arten dadurch
so bedeutend, dass man sie kaum wiedererkannte; die
kleinen Alpen-Hieracien wurden gross, stark verzweigt
und reichblüthig. Wurden aber dann solche Pflanzen,
oder auch erst ihre Nachkommen wieder auf mageren
Kiesboden verpflanzt, so blieb Nichts von allen den
Neuerungen erhalten; sie verwandelten sich wieder zu-
rück in die ursprüngliche alpine Form, und zwar war
die Rückkehr zur Stammform stets eine vollständige,
und auch dann, wenn die Art mehrere Generationen
hindurch in fetter Gartenerde kultivirt worden war.

Aehnliche Versuche mit ähnlichen Resultaten sind
schon 20 Jahre vor Nägeli von Alexis Jordan an-
gestellt worden und zwar hauptsächlich am Hunger-
blümchen, Draba verna[2]). Die Versuche sind um so
beweisender, als ihnen ursprünglich jede theoretische
Tendenz fernlag. Der Verfasser wollte durch das Ex-
periment entscheiden, ob die zahlreichen Varietäten von
Draba verna, wie sie auf verschiedenen Standorten wild
vorkommen, blosse Variationen sind, oder aber Arten.
Da er fand, dass sie rein züchten und sich immer

---

1) Sitzungsberichte d. bair. Akad. d. Wissensch. v. 18. Nov. 1865.
Vergl. auch „Mechan. phys. Theorie d. Abstammungslehre" p. 102 u. f.

2) Jordan „Remarques sur le fait de l'existence en société des
espèces végétales affines", Lyon 1873.

wieder herstellen, wenn sie durch Cultur auf fremdem Boden verändert worden waren, so nahm er das Letztere an. Alle diese Versuche bestätigen also, dass äussere Einflüsse das Individuum zwar verändern können, dass aber diese Veränderungen sich nicht auf die Keime übertragen, nicht erblich sind.

Nägeli behauptet nun freilich, es gäbe überhaupt keine angeborenen individuellen Verschiedenheiten bei den Pflanzen, die Unterschiede, welche wir thatsächlich zwischen der einen und der andern Buche oder Eiche sehen, seien alle nur Standorts-Modifikationen, hervorgerufen durch die Verschiedenartigkeit der lokalen Einflüsse. Darin geht er indessen offenbar zu weit, wenn auch zugegeben werden kann, dass die angebornen individuellen Verschiedenheiten bei den Pflanzen viel schwerer von den erworbenen zu unterscheiden sind, als bei den Thieren.

Bei diesen unterliegt es keinem Zweifel, dass angeborene und vererbbare individuelle Charaktere vorkommen. Ganz besonders wichtig ist uns in dieser Beziehung der Mensch. Bei ihm ist unser Auge geübt, die kleinsten Verschiedenheiten scharf aufzufassen, ganz besonders die Gesichtszüge. Jedermann weiss, dass bestimmte Züge durch ganze Generationsfolgen gewisser Familien sich forterben — ich erinnere nur an die breite Stirn der Julier, das vorstehende Kinn der Habsburger, die gebogene Nase der Bourbonen. Beim Menschen also gibt es sicherlich erbliche individuelle Charaktere; mit derselben Sicherheit darf dies von allen unseren Hausthieren gesagt werden, und es ist nicht abzusehen, warum wir an ihrer Existenz bei andern Thieren und bei den Pflanzen zweifeln sollten.

Nun erhebt sich aber die Frage: Wie können wir ihr Vorhandensein erklären, wenn wir auf der Vorstellung einer Continuität des Keimplasma's fussen, wenn wir die Annahme einer Vererbung erworbener Charaktere zurückweisen müssen? Wie können die Individuen einer und derselben Art verschiedenartige Charaktere erblicher Natur annehmen, da doch alle Veränderungen, welche durch äussere Einflüsse an ihnen entstehen, vergänglicher Natur sind und mit dem Individuum wieder verschwinden? Warum unterscheiden sich die Individuen nicht blos durch jene flüchtigen Verschiedenheiten, welche wir vorhin als passante bezeichneten, und wodurch entstehen jene tiefer sitzenden erblichen individuellen Merkmale, wenn sie doch durch die äussern Einflüsse, welche das Individuum treffen, nicht hervorgerufen werden können?

Man wird zunächst daran denken, dass verschiedenartige äussere Einflüsse nicht nur das fertige oder in Entwicklung begriffene Individuum selbst treffen können, sondern auch schon die Keimzelle, aus der es sich dereinst entwickeln wird. Es erscheint denkbar, dass solche Einflüsse auch verschiedenartige kleine Abänderungen in der molekularen Struktur des Keimplasma's hervorrufen könnten. Da das Keimplasma — unserer Annahme gemäss — sich von einer Generation auf die andere überträgt, so müssten also solche Veränderungen erbliche sein.

Ohne das Vorkommen solcher direkt die Keime

verändernden Einflüsse ganz in Abrede zu stellen, muss
ich doch glauben, dass sie am Zustandekommen erblicher
individueller Charaktere keinen Antheil haben.
Das Keimplasma, oder — wenn man lieber will —
das Idioplasma der Keimzelle ist zwar gewiss in seiner
feinsten Struktur äusserst komplizirt, aber trotzdem
doch eine Substanz von ungemein grossem Be-
harrungsvermögen, eine Substanz, die sich ernährt
und wächst bis ins Ungeheure, ohne aber dabei im Geringsten ihre komplizirte Molekularstruktur zu ändern.
Wir dürfen dies mit Nägeli mit aller Bestimmtheit
behaupten, obwohl wir direkt von dieser Struktur Nichts
erfahren können. Wenn wir aber sehen, dass manche
Arten Jahrtausende hindurch sich fortgepflanzt haben,
ohne sich zu verändern, — ich erinnere nur an die
heiligen Thiere der alten Aegypter, deren einbalsamirte
Körper doch zum Theil 4000 Jahre alt sein müssen —
so beweist uns dies, dass ihr Keimplasma heute noch
genau dieselbe Molekularstruktur besitzt, die es vor
4000 Jahren besessen hat. Da nun ferner die Menge
von Keimplasma, welche in einer einzelnen Keimzelle
enthalten ist, sehr gering angenommen werden muss, und
da davon wiederum nur ein sehr kleiner Bruchtheil unverändert bleiben kann, wenn die betreffende Keimzelle
sich zum Thier entwickelt, so muss also schon innerhalb
jedes einzelnen Individuums ein ganz enormes Wachsthum dieses kleinen Bruchtheils an Keimplasma statt-
finden. Entstehen doch in jedem Individuum in der
Regel Tausende von Keimzellen. Es ist deshalb nicht
zu viel gesagt, dass das Wachsthum des Keimplasma's

beim ägyptischen Ibis oder dem Krokodil in jenen 4000
Jahren ein geradezu unermessliches gewesen sein muss.
In den Pflanzen und Thieren, welche zugleich die Alpen
und den hohen Norden bewohnen, haben wir aber Beispiele von Arten, die noch viel längere Zeiträume hindurch, nämlich seit der Eiszeit, unverändert geblieben
sind, bei welchen also das Wachsthum des Keimplasma's
ein noch viel grösseres gewesen sein muss.

Wenn nun trotzdem die Molekularstruktur des Keimplasma's völlig dieselbe geblieben ist, so muss dieselbe
nicht leicht veränderbar sein, und es bleibt wenig Aussicht, dass die flüchtigen kleinen Verschiedenheiten in
der Ernährung, wie sie ja allerdings die Keimzellen so
gut als jeden andern Theil des Organismus treffen werden,
eine wenn auch noch so kleine Veränderung seiner Molekularstruktur hervorrufen sollten. Sein Wachsthum wird
bald schneller, bald weniger schnell vor sich gehen, aber
seine Struktur wird davon um so weniger berührt werden,
als diese Einflüsse meist wechselnder Natur sind, bald
in dieser und bald in einer andern Richtung erfolgen.

Die erblichen individuellen Unterschiede müssen also
eine andere Wurzel haben.

Ich glaube, dass sie zu suchen ist in der Form
der Fortpflanzung, durch welche die meisten der
heute lebenden Organismen sich vermehren: in der
sexuellen, oder — wie wir mit Häckel sagen können
— in der amphigonen Fortpflanzung.

Dieselbe beruht bekanntlich auf der Verschmelzung
zweier gegensätzlicher Keimzellen oder vielleicht auch
nur ihrer Kerne; diese Keimzellen enthalten die Keim-

substanz, das Keimplasma, und dieses wiederum ist vermöge seiner spezifischen Molekularstruktur der Träger der Vererbungstendenzen des Organismus, von welchem die Keimzelle herstammt. Es werden also bei der amphigonen Fortpflanzung zwei Vererbungstendenzen gewissermassen miteinander gemischt. In dieser Vermischung sehe ich die Ursache der erblichen individuellen Charaktere und in der Herstellung dieser Charaktere die Aufgabe der amphigonen Fortpflanzung. Sie hat das Material an individuellen Unterschieden zu schaffen, mittelst dessen Selektion neue Arten hervorbringt.

Das klingt vielleicht sehr überraschend und im ersten Augenblick wohl gar ganz unglaublich. Man möchte doch eher geneigt sein, zu glauben, dass eine fortgesetzte Vermischung etwa schon vorhandener Unterschiede, wie sie durch Amphigonie gesetzt wird, nicht zu einer Steigerung dieser Unterschiede, sondern zu einer Abschwächung und allmählichen Ausgleichung derselben führen müsse, und es ist auch in der That die Meinung schon ausgesprochen worden, die sexuelle Fortpflanzung habe die Folge, die Abirrungen vom Speciescharakter rasch wieder zu verwischen. In Bezug auf die Speciescharaktere mag dies auch richtig sein, weil Abweichungen von ihnen so selten vorkommen, dass sie der grossen Masse normal gebauter Individuen gegenüber nicht Stand halten können. Bei den kleinen Verschiedenheiten aber, welche die Individuen charakterisiren, ist dies anders, weil eben jedes Individuum sie besitzt, nur wieder in andrer Weise. Hier könnte ein Ausgleich der Verschiedenheiten nur dann eintreten, wenn w e n i g e Individuen schon die ganze Species ausmachten. Die Zahl der Individuen aber, welche zusammen eine Art darstellen, ist im Allgemeinen nicht nur eine sehr grosse, sondern für die Rechnung geradezu eine unendlich grosse. E i n e K r e u - z u n g A l l e r m i t A l l e n i s t u n m ö g l i c h und deshalb auch eine Ausgleichung der individuellen Unterschiede.

Um die Wirkung der sexuellen Fortpflanzung klar zu legen, nehmen wir zuerst einmal an, die Fortpflanzung sei eine m o n o g o n e, eingeschlechtliche, wie solche ja in der Parthenogenese thatsächlich vorkommt; ein jedes Individuum bringe also Keimzellen hervor, von denen eine jede allein für sich zu einem neuen Individuum werde. Denken wir uns eine Art, deren Individuen v ö l l i g g l e i c h sind, so werden auch ihre Nachkommen durch beliebig viele Generationen hindurch gleich bleiben müssen, wenn wir absehen von jenen p a s s a n t e n Unterschieden, wie sie durch verschiedene Ernährung u. s. w. hervorgerufen werden, ohne aber vererbbar zu sein.

Die Individuen dieser Art würden also t h a t s ä c h - l i c h zwar verschieden sein können, v i r t u e l l aber dennoch identisch sein; d. h. d e r A u s f ü h r u n g n a c h würden sie verschieden sein können, d e r A n l a g e nach müssten sie aber alle identisch sein; die Keime aller müssten genau dieselben Vererbungstendenzen enthalten, und wenn es möglich wäre, sie unter genau denselben Einflüssen sich entwickeln zu lassen, so müssten sie auch völlig identische Individuen aus sich hervorgehen lassen.

Verändern wir nun die Annahme dahin, dass die

Individuen der monogam, also ohne Kreuzung sich fortpflanzenden Art sich nicht nur durch passante, sondern
durch erbliche Charaktere unterschieden. Dann würde
jedes Individuum Nachkommen hervorbringen, die die
gleichen erblichen Verschiedenheiten besässen, die es
selbst besitzt; es würden also von jedem Individuum
Generationsfolgen ausgehen, deren einzelne Individuen
alle virtuell identisch wären mit ihren ersten Vorfahren.
Immer wieder die nämlichen individuellen Unterschiede
würden sich in jeder Generation wiederholen, und wenn
alle Nachkommen auch zur Fortpflanzung gelangten, so
müssten schliesslich so viele Gruppen virtuell gleicher
Individuen vorhanden sein, als anfangs einzelne Individuen vorhanden waren.

Aehnliche Fälle kommen in Wirklichkeit vor, bei
manchen Gallwespen, bei gewissen niedern Krustern, überhaupt bei manchen Arten, bei welchen die sexuelle Fortpflanzung ganz durch die parthenogenetische verdrängt
worden ist; sie unterscheiden sich aber alle in dem einen
und wichtigen Punkte von unserem hypothetischen Falle,
dass bei ihnen niemals alle Nachkommen auch zur voll-
kommenen Entwickelung und zur Fortpflanzung gelangen,
dass vielmehr im Allgemeinen die meisten Nachkommen
vorher zu Grunde gehen, und nur etwa so viele Individuen zur Nachzucht übrig bleiben, als auch in der vorhergehenden Generation zur Fortpflanzung gelangten.

Es fragt sich nun, ob eine solche Art Selektionsprocesse eingehen kann. Setzen wir den
Fall, es handle sich um ein Insekt, das im grünen Laub
lebt und das dort durch die grüne Farbe seines Körpers

Schutz vor Entdeckungen geniesst. Die erblichen individuellen Unterschiede sollen in verschiedenen Nüancen
von Grün bestehen. Gesetzt nun diese Art würde im
Laufe der Zeit durch das Aussterben ihrer bisherigen
Futterpflanze genöthigt, auf einer andern und etwas anders grün gefärbten Pflanze zu leben, so würde sie nun
diesem andern Grün nicht mehr vollkommen angepasst
sein. Sie würde also — um nicht immer stärker durch
ihre Verfolger dezimirt zu werden, und so einem lang-
samen, aber sicheren Untergang entgegenzutreiben —
bildlich gesprochen, sich bemühen müssen, ihre
Farbe dem Grün der neuen Nährpflanze genauer anzupassen.

Man sieht leicht ein, dass sie dazu ganz und
gar ausser Stande ist. Ihre erblichen Variationen
bleiben Generation auf Generation stets dieselben; wenn
also nicht schon von vornherein die erforderliche Nü-
ance von Grün bei einem Individuum vorhanden war, so
kann sie auch nicht hervorgebracht werden. Wäre sie
aber bei Einzelnen vorhanden, dann würden nach und
nach die anders gefärbten Individuen aussterben und nur
die mit dem richtigen Grün würden übrig bleiben. Das
wäre dann aber keine Anpassung im Sinne der Selektionstheorie; es wäre allerdings auch eine Auslese, aber
es würde doch nur den Anfang des Processes darstellen,
den wir als Selektionsprocess bezeichnen. Wenn dieser
nichts mehr leisten könnte, als vorhandene Merkmale zur
Alleinherrschaft zu bringen, dann wäre er keiner grossen
Beachtung werth, denn dann könnte niemals durch
ihn eine neue Art entstehen. Niemals schliesst

eine Art von vornherein schon solche Individuen in sich
ein, die soweit von den übrigen abweichen, wie die Individuen der nächst verwandten Art von ihr abstehen, und
noch viel weniger könnte man daran denken, mit diesem
Princip die Entstehung der ganzen Organismenwelt zu
erklären. Da müssten ja in der ersten Art schon alle
übrigen Arten als Variationen enthalten gewesen sein.
Selektion muss unendlich viel mehr leisten, wenn sie als
Entwicklungsprinzip Bedeutung haben soll. Sie muss im
Stande sein, die kleinen gegebenen Unterschiede in der
Richtung des angestrebten Zieles zu summiren und so
neue Charaktere zu schaffen. In unserm Beispiel
müsste sie im Stande sein, diejenigen Individuen, deren
Grün dem verlangten Grün am nächsten käme, zu erhalten, und ihre Nachkommen mehr und mehr diesem Ideal
zuzuführen.

Grade davon kann aber bei der ungeschlechtlichen
Art der Fortpflanzung keine Rede sein. Mit andern Worten: Selektionsprozesse im eigentlichen Sinn des
Wortes, solche die neue Charaktere liefern durch allmähliche Steigerung bereits vorhandner, sind nicht
möglich bei Arten mit ungeschlechtlicher
Fortpflanzung. Wenn jemals nachgewiesen würde,
dass eine durch reine Parthenogenese sich fortpflanzende
Art zu einer neuen umgewandelt worden wäre, so wäre
damit zugleich der Beweis geführt, dass es noch andre
Umwandlungskräfte gibt, als Selektionsprozesse, denn
durch Selektion könnte sie nicht entstanden sein. Wenn
hier überhaupt eine Auswahl der Individuen im Kampf
ums Dasein eintritt, dann führt sie zum Ueberleben einer

Individuengruppe und zur Vernichtung aller übrigen. In unserm Beispiel würde nur diejenige Gruppe von Individuen übrig bleiben, deren Urahn schon die richtige Nuance von Grün besessen hätte: — damit wären denn aber zugleich wieder alle erblichen, individuellen Charaktere geschwunden, da diese ja — unserer Voraussetzung gemäss — von Anfang an innerhalb der einzelnen Gruppen gefehlt haben. Wir kommen so zu dem Resultat, dass monogame Fortpflanzung nie im Stande ist, erbliche individuelle Variabilität zu veranlassen, dass sie dagegen sehr wohl zu ihrer gänzlichen Beseitigung führen kann.

Alles dies verhält sich ganz anders bei der s e x u e l l e n F o r t p f l a n z u n g. Sobald hier ein Anfang individueller Verschiedenheit gegeben ist, so kann nie wieder Gleichheit der Individuen eintreten, ja die Verschiedenheiten müssen sich sogar im Laufe der Generationen steigern, nicht im Sinne g r ö s s e r e r Unterschiede, wohl aber in dem i m m e r n e u e r K o m b i n a t i o n e n d e r i n d i v i d u e l l e n C h a r a k t e r e.

Beginnen wir hier mit derselben Annahme einer Anzahl von Individuen, die sich voneinander durch einige erbliche i n d i v i d u e l l e Charaktere unterscheiden, so wird schon in der folgenden Generation kein Individuum dem andern gleich sein können, sie werden alle verschieden sein müssen, und zwar nicht blos t h a t s ä c h l i c h, sondern auch v i r t u e l l, nicht blos der zufälligen Ausführung nach, sondern auch d e r A n l a g e n a c h. Es wird auch keiner der Nachkommen mit einem der Vorfahren identisch sein können, da ja Jeder die Vererbungs-Tendenzen zweier Vorfahren, der Aeltern, in sich vereinigt und sein Organismus somit gewissermassen ein Kompromiss zwischen diesen beiden Entwicklungs-Tendenzen sein wird. In der dritten Generation treffen dann die Vererbungs-Tendenzen zweier Individuen der z w e i t e n G e n e r a t i o n zusammen. Da aber deren Keimplasma kein einfaches mehr ist, sondern bereits aus zwei individuell verschiedenen Sorten von Keimplasma zusammengesetzt ist, so wird also ein Individuum der dritten Generation durch einen Kompromiss von vier verschiedenen Vererbungs-Tendenzen entstehen. In der vierten Generation müssen 8, in der fünften 16, in der sechsten 32 verschiedene Vererbungs-Tendenzen zusammentreffen. Eine jede von diesen wird sich in diesem oder jenem Theil des auszubauenden Organismus stärker oder schwächer geltend machen, und so wird schon in der sechsten Generation eine Menge der verschiedensten Kombinationen der individuellen Merkmale der Ahnen zum Vorschein kommen, Kombinationen, wie sie weder vorher je dagewesen waren, noch später jemals wiederkehren können.

Wir wissen nicht, auf wie viele Generationen hinaus sich die spezifischen Vererbungs-Tendenzen der ersten Generation noch geltend machen können; manche Thatsachen scheinen dafür zu sprechen, dass ihre Zahl gross ist; jedenfalls wohl ist sie grösser als sechs. Wenn wir nun bedenken, dass schon in der zehnten Generation 1020 verschiedenartige Keimplasmen mit den ihnen innewohnenden Vererbungs-Tendenzen in e i n e m Keim zusammentreffen würden, so können wir nicht zweifeln, dass bei fortgesetzter sexueller Fortpflanzung sich niemals genau dieselben Kombinationen individueller Merk-

male wiederholen werden, sondern immer wieder neue
entstehen müssen.

Zu diesem Resultate trägt vor Allem auch der Umstand bei, dass die verschiedenen Idioplasmen, welche
das Keimplasma der Keimzellen eines bestimmten Individuums zusammensetzen, zu verschiedener Zeit
seines Lebens in verschiedener Intensität
vorhanden sind, oder mit anderen Worten, dass die
Intensität dieser einzelnen Idioplasmen eine Funktion der
Zeit ist. Wir müssen das aus der Thatsache schliessen,
dass die Kinder derselben Aeltern niemals gleich sind,
dass in dem einen mehr die Merkmale des Vaters, in
dem andern die der Mutter, oder der Grossmutter, oder
des Urgrossvaters hervortreten.

So führt uns denn diese Ueberlegung dahin, dass
durch sexuelle Fortpflanzung schon in wenigen Generationen eine grosse Anzahl wohlmarkirter Indi-
vidualitäten hervorgehen muss, selbst in dem einstweilen einmal stillschweigend angenommenen Fall einer
vorfahrenlosen ersten Generation mit nur wenigen
individuellen Merkmalen. Nun entstehen aber Organismen, die sich auf sexuellem Wege fortpflanzen, niemals
vorfahrenlos, sie haben Vorfahren, und falls diese bereits auch die sexuelle Fortpflanzung besessen haben,
so befindet sich also jede Generation einer Art in dem
Zustand, den wir vorhin für die zehnte oder irgend eine
noch spätere Generation angenommen haben, d. h. jedes
Individuum enthält bereits ein Maximum von Vererbungs-
Tendenzen in sich und eine unendliche Mannigfaltigkeit
der überhaupt möglichen individuellen Merkmale (6).

Damit haben wir aber die erbliche individuelle Variabilität, wie wir sie vom Menschen und den höheren Thieren her kennen, und wie die Theorie sie braucht zur Umwandlung der Arten mittelst Selektion.

Ehe ich weiter gehe, muss ich aber jetzt eine naheliegende Frage zu beantworten suchen. Ich bin in meiner Darlegung ausgegangen von einer ersten Generation, welche bereits individuelle Merkmale besass. Woher stammen diese? Sind wir genöthigt, sie einfach als gegeben anzunehmen, ohne auf ihre Wurzel zurückgehen zu können? In diesem Falle würden wir das Problem der erblichen Variabilität nicht völlig gelöst haben. Wir haben zwar gezeigt, dass erbliche Unterschiede, wenn sie überhaupt einmal aufgetreten sind, durch sexuelle Fortpflanzung zu der Mannigfaltigkeit ausgebildet werden musste, wie wir sie thatsächlich beobachten, aber es fehlt noch der Nachweis, woher sie stammen. Wenn die äusseren Einflüsse, welche die Organismen selbst treffen, nur passante Unterschiede an ihnen hervorrufen können, wenn andererseits solche äussere Einflüsse, die die Keimzelle treffen, eine Veränderung ihrer Molekularstruktur höchstens dann bewirken könnten, wenn sie sehr lange Zeiträume hindurch einwirken, so scheinen die Möglichkeiten für die Herleitung der erblichen Unterschiede erschöpft.

Ich glaube indessen, wir brauchen die Antwort auf die gestellte Frage nicht schuldig zu bleiben. Der Ursprung der erblichen individuellen Variabilität kann allerdings nicht bei den höheren Organismen, den Me-

tazoen und Metaphyten liegen, er ist aber bei den
niedersten Organismen zu finden, bei den
Einzelligen. Bei diesen besteht ja noch nicht der
Gegensatz von Körper- und Keimzellen; sie pflanzen sich
durch Theilung fort. Wenn nun ihr Körper im Laufe
seines Lebens durch irgend einen äussern Einfluss verändert wird, irgend ein individuelles Merkmal bekommt,
so wird dies auf seine beiden Theilsprösslinge übergehen.
Wenn z. B. ein Moner durch häufiges Ankämpfen gegen
Wasserströmungen die Sarkode seines Körpers etwas
derber, resistenter oder auch stärker anhaftend gemacht
hätte als viele andere Individuen seiner Art, so würde
sich diese Eigenthümlichkeit auf seine beiden Nachkommen direkt fortsetzen, denn diese sind ja zunächst
nichts anderes als seine beiden Hälften; jede im Laufe
seines Lebens auftretende Abänderung, jeder
irgendwie entstandene individuelle Charakter
müsste sich nothwendig auf seine Theilsprösslinge direkt übertragen.

Wenn der Klavierspieler, dessen ich vorhin schon
gedachte, seine Finger-Muskulatur durch Uebung zur
höchsten Schnelligkeit und Kraftentwicklung herange-
bildet hat, so ist dies ein durchaus passanter Charakter,
eine Ernährungs-Modifikation, die sich nicht auf seine
Kinder forterbt, weil sie eben nicht im Stande ist, irgend
eine Veränderung in der Molekülarstruktur seiner Keimzellen hervorzurufen, geschweige denn gerade die ad-
äquate, d. h. diejenige Veränderung, welche zur Entwicklung der veränderten Charaktere des Vaters in dem
Kinde führen müsste.

Beim niedersten Einzelligen ist das noch anders.
Hier ist Elter und Kind in gewissem Sinn noch ein und
dasselbe Wesen, das Kind ist ein Stück vom Elter und
zwar gewöhnlich die Hälfte. Wenn also überhaupt die
Individuen einzelliger Arten von verschiedenen äusseren
Einflüssen getroffen werden, und wenn diese verändernd
auf sie einwirken können, dann ist das Auftreten erblicher individueller Unterschiede bei ihnen unvermeidlich.
Beide Voraussetzungen aber sind unbestreitbar. Auch
lässt sich direkt beobachten, dass individuelle Unterschiede bei Einzelligen vorkommen, Unterschiede der
Grösse, der Farbe, Form, Bewimperung. Freilich hat
man bis jetzt darauf nicht weiter geachtet, auch sind
unsere besten Mikroskope so kleinen Organismen gegenüber recht grobe Beobachtungsmittel, immerhin aber
kann es nicht zweifelhaft sein, dass die Individuen einer
Art nicht absolut gleich sind.

So läge denn die Wurzel der erblichen individuellen
Unterschiede wieder in den äusseren Einflüssen,
welche den Organismus direkt verändern,
aber nicht auf jeder Organisationshöhe —
wie man bisher zu glauben geneigt war — kann auf
diese Weise erbliche Variabilität entstehen,
vielmehr nur auf der niedersten, bei den einzelligen Wesen. Sobald aber einmal bei diesen die
Ungleichheit der Individuen gegeben war, musste sie
sich bei der Entstehung der höheren Organismen auf
diese übertragen. Indem nun gleichzeitig die amphigone
sexuelle Fortpflanzung sich ausbildete, verschärfte und

vervielfachte sie die überkommene Ungleichheit und erhielt sie in immer wechselnden Kombinationen.

Sie verschärfte sie, weil bei der steten Kreuzung von je zwei Individuen nothwendig und wiederholt der Fall eintreten muss, dass gleiche Anlagen in Bezug auf die Beschaffenheit eines bestimmten Körpertheils zusammentreffen. Wenn aber z. B. derselbe Körpertheil bei beiden Aeltern stark ausgebildet ist, so wird er nach den Erfahrungen der Züchter geneigt sein, bei den Kindern in noch stärkerer Ausbildung aufzutreten, und umgekehrt ein schwach ausgebildeter in noch schwächerer. Die amphigone Fortpflanzung muss also die Folge haben, dass ein jeder Charakter der Art, der überhaupt individuellen Schwankungen unterworfen ist, in vielen Individuen in verstärkter, in vielen anderen in abgeschwächter, in noch zahlreicheren in einem mittleren Ausbildungsgrad anzutreffen ist. Damit aber ist das Material gegeben, mittelst dessen Selektion jeden Charakter je nach Bedürfniss weiter steigern oder weiter abschwächen kann, indem sie durch Beseitigung der minder passenden Individuen die Chance geeigneter Kreuzungen von Generation zu Generation steigert.

Theoretisch aber wird man zugeben, dass, wenn eine Art existirte, die nur eine kleine Anzahl individueller Unterschiede besässe, die aber bei verschiednen Individuen verschiedne Theile beträfen, diese Anzahl sich mit jeder Generation vermehren müsste, und zwar so lange, bis alle Theile, an denen überhaupt Variationen vorkamen, bei allen Individuen ihr besonderes, individuelles Gepräge erhalten hätten.

Sexuelle Fortpflanzung muss aber weiterhin die mindestens ebenso wichtige Folge haben, die vorhandenen Unterschiede zu v e r m e h r e n und sie stets wieder n e u zu k o m b i n i r e n.

Das Erstere wird bei den heute bestehenden Arten kaum noch der Fall sein können, weil bei ihnen kein Theil mehr ohne individuelles Gepräge sein wird. Viel wichtiger ist der zweite Punkt, d i e E r z e u g u n g i m - m e r n e u e r K o m b i n a t i o n e n von individuellen Merkmalen durch die sexuelle Fortpflanzung. Denn wir müssen uns vorstellen — wie auch schon D a r w i n es ausgesprochen hat — dass bei dem Züchtungsprozess der Natur nicht bloss e i n z e l n e Merkmale umgeändert werden, sondern wohl immer mehrere, vielleicht sogar zahlreiche zu gleicher Zeit. Es gibt keine zwei noch so nahe verwandte Arten, welche sich nur in einem einzigen Charakter unterschieden; auch für unser nicht besonders scharfes Auge sind der unterscheidenden Merkmale immer mehrere, oft viele, und wenn wir im Stande wären, in absoluter Schärfe zu vergleichen, würden wir wahrscheinlich Alles an zwei nahestehenden Arten verschieden finden.

Nun beruht allerdings ein grosser Theil dieser Unterschiede auf Korrelation, aber ein anderer Theil muss a u f g l e i c h z e i t i g e r p r i m ä r e r A b ä n d e r u n g be- ruhen.

Ein oft genannter grosser S c h m e t t e r l i n g der ostindischen Wälder, die Kallima paralecta, gleicht in sitzender Stellung sehr täuschend einem welken Blatt, nicht nur in der Farbe, sondern auch in einer Z e i c h -

n u n g, welche die Rippen des Blattes nachahmt. Nun
setzt sich aber diese Zeichnung aus zwei Stücken zusammen, von welchen das obere auf dem Vorderflügel
das untere auf dem Hinterflügel steht. Die beiden
Flügel müssen also vom Schmetterling in der Ruhe so
gehalten werden, dass die beiden Stücke der Zeichnung
genau aufeinanderpassen, andernfalls würde die Zeichnung dem Schmetterling nichts nützen. Wirklich hält
auch der Schmetterling die Flügel so, wie es nöthig ist,
natürlich unbewusst dessen, was er thut. Es ist also
in seinem Gehirn ein Mechanismus vorhanden, der ihn
dazu zwingt. Nun ist es klar, dass dieser Mechanismus
sich erst ausgebildet haben kann, als die Flügelhaltung
für den Schmetterling wichtig wurde, d. h. als die Aehnlichkeit mit einem Blatt bereits im Werden war, und
umgekehrt konnte diese Aehnlichkeit mit dem Blatt sich
erst ausbilden, als der Schmetterling die Gewohnheit
annahm, seine Flügel in der bestimmten Weise zu halten.
Beide Charaktere müssen sich also gleichzeitig und in
Gemeinschaft miteinander ausgebildet und gesteigert
haben, die Zeichnung, indem sie aus einer ungefähren
Aehnlichkeit zu einer immer genaueren Lage des Blattes
fortschritt, die Flügelhaltung, indem sie sich immer genauer auf eine ganz bestimmte Stellung präzisirte. Es
muss also hier gleichzeitig eine Züchtung gewisser feinster
Strukturverhältnisse des Nervensystems und eine solche
der Vertheilung der Farbstoffe auf dem Flügel stattgefunden haben, und es werden also solche Individuen zur
Nachzucht ausgewählt worden sein, welche nach beiden
Richtungen hin Brauchbares lieferten.

Solche Kombinationen der geforderten Merkmale zu bieten, ist offenbar die sexuelle Fortpflanzung
leicht im Stande, da sie ja fortwährend die verschiedensten
Charaktere durcheinander mischt, und darin scheint mir in
der That eine ihrer bedeutendsten Wirkungen zu liegen.

Ueberhaupt wüsste ich der sexuellen Fortpflanzung
keine andere Bedeutung beizumessen, als die, das Material an erblichen individuellen Charakteren
zu schaffen, mit welchen die Selektion arbeiten kann.
Die sexuelle Fortpflanzung ist so allgemein verbreitet unter
allen Abtheilungen der vielzelligen Pflanzen und Thiere, die
Natur geht so selten, man möchte sagen so ungern von
ihr ab, dass ihr nothwendig eine ganz hervorragende
Bedeutung innewohnen muss. Wenn aber in der
That Selektionsprozesse es sind, welche neue Arten
hervorbringen, dann beruht ja die Entwicklung der ge-
sammten Organismenwelt auf diesen Prozessen, und dann
ist in der That die Rolle, welche Amphigonie in der
Natur zu spielen hätte, indem sie die Selektionsprozesse
bei den vielzelligen Organismen ermöglicht, nicht nur
keine unbedeutende, sondern vielmehr eine der denkbar
grossartigsten.

Wenn ich aber sage, die sexuelle Fortpflanzung habe
die Bedeutung, die Umgestaltung der höheren Organismen zu ermöglichen, so ist das nicht etwa gleichbedeutend mit der Behauptung, die sexuelle Fortpflanzung
sei entstanden, um die Artbildung möglich
zu machen. Ihre Wirkung kann nicht zugleich ihre
Ursache sein; erst musste sie da sein, ehe sie die erbliche Variabilität hervorrufen konnte. Ihr erstes Auf-

treten muss also eine andere Ursache gehabt haben.
Welches diese war, das kann heute wohl Niemand schon
mit Sicherheit und in präciser Weise sagen. Die Lösung
des Räthsels liegt in dem Vorläufer der eigentlichen
sexuellen Fortpflanzung, in der Konjugation der
Einzelligen. Die Verschmelzung zweier einzelliger
Individuen zu Einem, wie sie die einfachste und also
wohl ursprünglichste Form der Konjugation darstellt,
muss eine direkte und unmittelbare Wirkung
haben, welche von Nutzen für die Existenz
der betreffenden Art ist.

Vermuthungen liessen sich darüber wohl aufstellen,
und es ist vielleicht nicht ohne Nutzen, sie etwas näher
ins Auge zu fassen. Biologen von der Bedeutung Victor Hensen's[1]) und Eduard van Beneden's[2])
haben geglaubt, die Conjugation sowie ganz allgemein
die sexuelle Fortpflanzung als eine „Verjüngung des
Lebens" auffassen zu sollen. Auch Bütschli vertritt
diese Anschauung wenigstens in Bezug auf die Conjugation. Diese Forscher stellen sich vor, die wunderbare
Erscheinung des Lebens, die ja in ihren tieferen Ursachen
noch immer als ein Räthsel vor uns liegt, könne nicht
aus sich selbst heraus ins Unbegrenzte weiterdauern,
das Uhrwerk bleibe nach längerer oder kürzerer Zeit
stille stehen, die Vermehrung der auf rein ungeschlecht-
lichem Wege sich fortpflanzenden Organismen höre zuletzt

---

1) S. Hermann's „Handbuch d. Physiologie" Theil II, „Physiologie der Zeugung" von V. Hensen.

2) E. van Beneden, „Recherches sur la maturation de l'oeuf, la
fécondation et la division cellulaire." Gand u. Leipzig 1883. s. 404 u. f.

auf, etwa so, wie das Leben des Einzelnen schliesslich
aufhört oder wie ein in Umdrehung begriffenes Rad in
Folge der Reibung schliesslich still steht und eines neuen
Anstosses bedarf, um sich weiter zu drehen. Damit die
Fortpflanzung ununterbrochen fortdauere, sei eine „Verjüngung" der lebendigen Substanz nöthig, ein Auf-
ziehen des Uhrwerks der Fortpflanzung und diese „Verjüngung" sehen jene Forscher in der sexuellen Fortpflanzung und in der Conjugation, also in der Vereinigung
zweier Zellen, der Keimzellen oder zweier einzelliger
Organismen.

Edouard van Beneden drückt dies folgendermassen aus: „Il semble que la faculté que possèdent les
cellules, de se multiplier par division soit limitée: il ar-
rive un moment où elles ne sont plus capables de se
diviser ultérieurement, à moins qu'elles ne subis-
sent le phénomène du rajeunissement par le fait
de la fécondation. Chez les animaux et les plantes les
seules cellules capables d'être rajeunies sont les oeufs;
les seules capables de rajeunir sont les spermatocytes.
Toutes les autres parties de l'individu sont vouées à la
mort. La fécondation est la condition de la
continuité de la vie. Par elle le générateur echappe
à la mort." (A. a. O. p. 405). Nach Victor Hensen
aber lässt sich der Satz vertheidigen: „Durch die normale Befruchtung wird der Tod vom Keim und dessen
Produkten ferngehalten." Das bis zur Entdeckung der
Parthenogenese „angenommene Gesetz," dass das Ei befruchtet werden müsse, gelte zwar jetzt nicht mehr,

aber man sei gezwungen, die Hypothese zu machen, „dass
dennoch nach vielen Generationen selbst das am meisten parthenogenetische Ei einer Befruchtung bedürfen"
werde. (A. a. O. p. 236).

Wenn man dieser Anschauung auf den Grund geht,
so ist sie eigentlich nichts Anderes, als eine Uebersetz-
ung der Thatsache, dass die sexuelle Fortpflanzung unbegrenzt fortdauert — soweit wir sehen können. Daraus
und aus ihrer allgemeinen Verbreitung wird geschlossen,
dass ungeschlechtliche Fortpflanzung n i c h t unbegrenzt
fortdauern würde, falls sie bei einer Thierart zur alleini-
gen Fortpflanzungsart geworden wäre. Der Beweis für
diesen letzteren Satz kann aber nicht beigebracht werden,
und man würde vielleicht überhaupt nicht dazu gekommen sein, ihn aufzustellen, wenn man die Allgemeinheit
der sexuellen Fortpflanzung auf eine andre Weise zu
erklären gewusst, wenn man dieser offenbar überaus bedeutungsvollen Einrichtung eine andere Bedeutung zuzu-
schreiben gewusst hätte.

Aber auch abgesehen von der Unmöglichkeit eines
Beweises scheint mir die Verjüngungs-Theorie doch auch
wenig befriedigend. Der ganze Begriff der „Verjüngung"
hat etwas Unbestimmtes, Nebelhaftes, die Vorstellung von
der Nothwendigkeit einer Verjüngung des Lebens, so
geistreich sie ist, lässt sich wohl nur schwer mit unsern
sonstigen, auf rein physikalische und mechanische Trieb-
kräfte abzielenden Vorstellungen vom Leben vereinigen.
Wie soll man es sich denken, dass ein Infusorium, welches durch fortgesetzte Zweitheilung seine Fortpflanzungs-

fähigkeit zuletzt eingebüsst hätte, dieselbe dadurch wieder-
erlangt, dass es mit einem andern, ebenfalls zu weiterer
Zweitheilung unfähig gewordenen Individuum sich vereinigt und zu einem Individuum verschmilzt? Zwei Mal
Nichts kann nicht Eins geben, und wollte man annehmen,
in jedem solchen Thier stecke nur $^1/_2$ Fortpflanzungskraft, so würden die Beiden zusammen zwar Eins geben,
aber man könnte das kaum eine „Verjüngung" nennen;
es wäre ganz einfach eine Addition, wie sie unter andern
Umständen auch durch blosses Wachsthum erreicht wird —
wenn wir jetzt einmal von dem in meinen Augen wichtigsten Moment der Conjugation absehen: der Vermischung zweier Vererbungstendenzen. Wenn der Begriff der
Verjüngung Etwas bedeuten soll, so müsste durch die
Conjugation eine lebendige Kraft erzeugt werden, welche
vorher in den Einzelthieren nicht vorhanden war. Diese
Kraft müsste aus Spannkräften entstehen, welche sich in
den Einzelthieren während der Periode ihrer ungeschlechtlichen Fortpflanzung angesammelt hätten, und diese müssten verschiedener Natur sein und so beschaffen, dass sie
sich im Moment der Conjugation zur lebendigen Fortpflanzungskraft verbänden!

Der Vorgang wäre etwa vergleichbar der Bewegung
zweier Raketen, die durch einen in ihnen selbst gelegenen
Explosivstoff, etwa Nitroglycerin, so fortgeschleudert würden, dass sie sich unterwegs einmal treffen müssten. Das
Fortfliegen würde so lange andauern, bis alles Nitroglycerin vollständig verbraucht wäre, und es müsste dann
Stillstand eintreten, wenn nicht während des Davon-

fliegens sich der explosive Stoff von Neuem wieder erzeugte. Dies geschähe nun so, dass in der einen Rakete
Salpetersäure, in der andern Glycerin gebildet würde, so
dass beim Zusammentreffen wieder Nitroglycerin in derselben Menge und in gleicher Vertheilung auf beide
Raketen entstehen könnte, wie es beim Beginn der Bewegung vorhanden war. So würde sich die Bewegung
immer wieder mit der gleichen Geschwindigkeit erneuern
und in alle Ewigkeit fortdauern können.

Theoretisch lässt sich ja so Etwas ausdenken, aber
bei der Uebertragung auf wirkliche Verhältnisse stösst
man doch auf erhebliche Schwierigkeiten. Von allem
Andern abgesehen, wie soll es möglich sein, dass das
Nitroglycerin, also die Fortpflanzungskraft sich durch die
fortgesetzte Theilung erschöpft und doch zugleich in ihrem
einen Bestandtheil, sich in demselben Körper und während derselben Zeit wieder erzeugt? Der Verlust der
Theilungsfähigkeit kann in letzter Instanz doch nur auf
dem Verlust der Assimilation, der Ernährungs- und
Wachsthumskraft beruhen, wie sollte aber diese abge-
schwächt und schliesslich verloren gehen und doch zugleich dieselbe Kraft in ihrer einen Componente wieder
angesammelt werden können?

Ich glaube, ehe man zu so gewagten Annahmen
schreitet, ist es doch besser, sich mit der einfachen Vorstellung zu begnügen, dass die Kraft unbegrenzter Assimilation und damit auch unbegrenzter Fortpflanzungs-
fähigkeit ein Attribut der lebendigen Materie ist, und
dass die Form der Fortpflanzung, ob geschlechtlich, ob

ungeschlechtlich, an und für sich keinen Einfluss auf
die Fortdauer dieses Processes hat, dass Kraft und Materie auch hier unzertrennlich verbunden sind, und dass
die Kraft kontinuirlich mit der Materie wächst. Das
schliesst nicht aus, dass Verhältnisse eintreten können,
unter welchen Beides nicht mehr geschieht.

Zu der Vorstellung von der „Verjüngung" könnte
ich mich nur dann entschliessen, wenn nachgewiesen
würde, dass in der That eine Vermehrung durch Theilung
niemals — nicht etwa blos unter bestimmten Bedingungen — ins Unbegrenzte fortgehen könne. Das kann
aber nicht nachgewiesen werden, ebensowenig, als das
Gegentheil. Soweit also ist der Boden des Thatsächlichen
auf beiden Seiten gleich unsicher. Der Verjüngungs-Hy-
pothese aber steht die Thatsache der Parthenogenese
entgegen, denn wenn überhaupt die Befruchtung eine
Verjüngung bedeutet und auf der Vereinigung differenter
Kräfte und Stoffe beruht, welche dadurch Fortpflanzungskraft hervorbringen, dann ist nicht abzusehen, wieso dieselbe Fortpflanzungskraft gelegentlich auch einmal durch
den einen Stoff allein (die Eizelle) gebildet werden kann.
Logischerweise sollte das so wenig möglich sein, als dass
Salpetersäure oder Glycerin, jedes allein für sich die
Wirkung des Nitroglycerins ausübt! Man flüchtet sich
nun freilich hinter die Annahme, dass in dem Fall der
Jungfernzeugung „eine Befruchtung für eine ganze Reihe
von Generationen ausreiche," allein das ist nicht nur eine
unerweisbare Annahme, sondern sie steht in Widerspruch
mit der Thatsache, dass dasselbe Ei, welches sich

parthenogenetisch entwickeln kann, auch befruchtungsfähig ist. Wenn seine Fortpflanzungskraft hinreichte, um sich zu entwickeln, wieso kann es dann auch befruchtet werden, und wenn sie nicht hingereicht hätte, wieso kann es sich entwickeln? Und doch kann ein und dasselbe Ei der Biene unbefruchtet oder befruchtet ein neues Thier aus sich hervorgehen lassen und man kann auch dadurch diesem Dilemma nicht entschlüpfen, dass man die weitere, ebenfalls nicht zu beweisende Annahme macht, zur Entwicklung eines männlichen Thieres gehöre weniger Fortpflanzungskraft als zu der eines weiblichen. Allerdings gehen aus den unbefruchteten Eiern der Biene die Männchen, aus den befruchteten die Weibchen hervor, aber bei andern Arten verhält es sich umgekehrt, oder die Befruchtung steht in gar keiner Beziehung zum Geschlecht.

Wenn aber die blosse Thatsache der Parthenogenese — wie mir wenigstens scheint — genügt, um die Verjüngungstheorie zu widerlegen, so soll doch nicht unerwähnt bleiben, dass bei manchen Arten die parthenogenetische Fortpflanzung heute — wir wissen nicht, seit wie langer Zeit — die einzige Fortpflanzungsform ist, ohne dass wir auch nur die geringste Abnahme in der Fruchtbarkeit der betreffenden Arten bemerken könnten.

Aus allen diesen Erwägungen geht wohl hervor, dass weder die jetzige, noch die ursprüngliche Bedeutung der Conjugation die eines „Verjüngungsprocesses" in dem oben bezeichneten Sinn gewesen sein kann, und es fragt sich, welche andere Bedeutung der Process in seinen ersten Anfängen gehabt haben mag?

R o l p h [1]) sprach vor längerer Zeit den Gedanken
aus, die Conjugation sei eine Art der Ernährung; die
zwei zusammenfliessenden Individuen verzehrten sich gewissermassen. Auch C i e n k o w s k y [2]) will in der Conjugation nur eine beschleunigte Assimilation sehen. Allein
zwischen dem Vorgang der Conjugation und dem der
Ernährung besteht nicht nur ein wesentlicher Unterschied
sondern gradezu ein Gegensatz! H e n s e n [3]) bemerkte
zu der Cienkowsky'schen Ansicht sehr richtig: „die Verschmelzung an sich ist noch keine beschleunigte Ernährung, weil selbst dann, wenn sich beide Individuen dabei
ernähren w o l l t e n, doch keines von Beiden dabei ernahrt
wird, solange nicht das eine oder andere untergeht und
dann wirklich gefressen wird." Damit ein Thier einem
andern zur Nahrung diene, muss es getödtet, in flüssige
gelöste Form gebracht und schliesslich assimilirt werden,
hier aber treten die zwei Protoplasma-Leiber aneinander,
und verschmelzen zusammen, ohne dass Eins von ihnen
in gelöste Form überginge. Z w e i I d i o p l a s m e n m i t
a l l e n i n i h n e n e n t h a l t e n e n V e r e r b u n g s t e n-
d e n z e n v e r e i n i g e n s i c h. Wenn aber auch gewiss
keine Ernährung im eigentlichen Sinne hier stattfindet,
insofern keines der beiden Thiere durch die Verschmelzung ein Plus von gelöster Nahrung erhält, so muss
doch nach e i n e r Richtung hin die Folge der Verschmelzung eine ähnliche sein, wie sie auch durch Ernährung

---

1) R o l p b, „Biologische Probleme." Leipzig 1882.
2) C i e n k o w s k y, Arch. f. mikr. Anat. LX, p. 47. 1873.
3) H e n s e n, „Physiologie der Zeugung." p. 139.

und Wachsthum eintreten würde: Die Körpermasse vermehrt sich und zugleich die G e s a m m t m e n g e d e r a n sie gebundenen Kräfte, und es ist nicht undenkbar, dass auf diese Weise, L e i s t u n g e n ermöglicht werden, die u n t e r d e n s p e c i e l l e n, g r a d e o b - w a l t e n d e n V e r h ä l t n i s s e n ohnedies nicht hätten eintreten können.

In dieser Richtung wird man wenigstens zu suchen haben, wenn man die ursprüngliche Bedeutung der Conjugation und damit zugleich ihre phyletische Entstehung erforschen will. Soll aber jetzt schon eine vorläufige Formel für diese erste Wirkung und Bedeutung der Conjugation gegeben werden, so würde ich sagen: die Conjugation ist ursprünglich eine Stärkung der Kräfte des Organismus in Bezug auf Vermehrung, welche dann eintrat, wenn aus äussern Gründen (Luft, Wärme, Nahrungs-Mangel u. s. w.) das Heranwachsen des Einzelthiers zu der dazu erforderlichen Grösse nicht möglich war.

Dies kann nicht etwa als gleichbedeutend mit „Verjüngung" betrachtet werden, denn diese soll nothwendig zur Erhaltung der Fortpflanzung sein und müsste somit ganz unabhängig von äussern Umständen periodisch eintreten, während in meinen Augen die Conjugation ursprünglich nur unter ungünstigen Lebensbedingungen eintrat und der Art über diese hinweg half.

Welches nun aber auch die ursprüngliche Bedeutung der Conjugation gewesen sein mag, bei den höheren Protozoen scheint dieselbe schon ganz in den Hintergrund getreten zu sein. Darauf deutet schon die Veränderung im Verlauf des Processes selbst. Verschmelzen doch höhere Infusorien in der Conjugation in der Regel nicht vollständig und dauernd miteinander[1]), wie dies niedere Protozoen thun. Es scheint mir möglich, ja wahrscheinlich, dass bei diesen der Vorgang schon die volle Bedeutung der sexuellen Fortpflanzung hat und nur noch als Variabilitätsquelle in Betracht kommt.

Mag sich dies aber so verhalten oder nicht, so viel scheint mir sicher, dass, sobald einmal Metazoen und Metaphyten bestanden, welche von den Einzelligen her die sexuelle Fortpflanzung überkommen hatten, d i e s e n i c h t w i e d e r a u f d i e D a u e r v e r l o r e n g e h e n k o n n t e.

Wir wissen ja, dass Charaktere und Einrichtungen, die schon in einer Reihe von Ahnen bestanden haben, mit ungemeiner Zähigkeit weiter vererbt werden, auch wenn sie von einem unmittelbaren Nutzen für den Träger nicht sind; die rudimentären Organe der verschiedensten Thiere und nicht zum wenigsten des Menschen geben uns davon eindringliches Zeugniss. Hat doch noch die jüngste Zeit wieder einen solchen Fall ans Licht gebracht, ich meine den Nachweis eines s e c h s t e n F i n g e r s b e i m m e n s c h l i c h e n E m b r y o[2]), eines

---

1) Bei der sog. „knospenförmigen Conjugation der Vorticellinen, Trichodinen u. s. w. findet Verschmelzung statt.

2) Vergl. 1. B a r d e l e b e n „Zur Entwicklung der Fusswurzel", Sitzungsber. d. Jen. Gesellschaft. Jahrg. 1885, 6. Febr. u. Verhandl. d. Naturforscherversammlung zu Strassburg, 1885, p. 203. 2. G. B a u r „Zur Morphologie des Carpus und Tarsus der Wirbelthiere", Zool. Anzeiger, 1885 p. 326 u. 486.

Theils, der schon seit der Entstehung der Amphibien
nur noch als Rudiment fortgeführt wurde[1]). Ueberaus
langsam nur werden überflüssige Organe rudimentär,
und ungeheure Zeiträume müssen vergehen, ehe sie vollständig geschwunden sind. Je älter aber ein Charakter
ist, um so unvertilgbarer ist er dem Organismus einge-
prägt. Darauf beruht ja eben das, was oben als „physische Constitution der Art" bezeichnet wurde,
das Ensemble von vererbten und einander angepassten,
zu einem harmonischen Ganzen verwebten Charakteren.
Diese specifische Natur des Organismus ist es, welche
ihn in andrer Weise reagiren lässt gegen äussere Einflüsse, als irgend einen andern Organismus, welche es
bedingt, dass er nicht in jeder beliebigen Weise sich
verändern kann, sondern dass zwar sehr zahlreiche, aber
doch nur bestimmte Variations-Möglichkeiten für ihn
gegeben sind. Darauf beruht es ferner, dass nicht Charaktere aus der Constitution einer Art beliebig heraus-
genommen und andre dafür eingesetzt werden können.
Variationen eines Wirbelthiers ohne Wirbelsäule oder
feste Achse können nicht vorkommen, nicht deshalb,
weil die Wirbelsäule als Stütze des Körpers unentbehr-
lich ist, sondern vielmehr deshalb, weil dieser Charakter
seit undenklichen Zeiten vererbt und dadurch so be-
festigt ist, dass eine Variation desselben in irgend einem
höheren, die Existenz des Organs bedrohenden Grade

---

1) Bei Fröschen existirt die sechste Zehe an den Hinterfüssen
als rudimentärer Praehallux. Vergl. Born, Morpholog. Jahrbuch,
Bd. 1, 1876.

überhaupt nicht mehr vorkommen kann. Gerade die
Auffassung von der Entstehung der erblichen Variabilität
durch die amphigone Fortpflanzung macht es klar, dass
der Organismus gewissermassen nur an seiner Oberfläche
im Schwanken erhalten wird, während die von langeher
ererbten Grundfesten seiner Constitution dadurch nicht
berührt werden.

So wird auch die sexuelle Fortpflanzung selbst,
nachdem sie einmal ungezählte Protozoen-Generationen
und -Arten hindurch in Form der Konjugation bestanden hatte, nicht wieder aufgehört haben, auch wenn
der ursprünglich damit verknüpfte physiologische Effekt
an Wichtigkeit verlor oder ganz in den Hintergrund trat.
Sie konnte aber um so weniger aufgegeben werden,
wenn durch sie allein der unermessliche Vortheil der Anpassungsfähigkeit der Art an
neue Existenzbedingungen beibehalten werden konnte. Was unter den niederen Protisten auch
ohne Amphigonie erreichbar war, die Bildung neuer Arten,
das war bei den Metazoen und Metaphyten nur noch
mit ihr zu erreichen. Erbliche Verschiedenheiten der
Individuen konnten nur noch auf diesem Wege entstehen
und sich erhalten. Aus diesem Grunde konnte die Amphigonie nicht wieder verschwinden, denn jede Art, die sie
beibehielt, musste den andern, denen sie etwa verloren
gegangen war, überlegen sein und sie im Laufe der
Zeiten verdrängen, denn nur sie konnten sich den wechselnden Bedingungen der Existenz fügen, sich neuen Verhältnissen anpassen. Je länger aber die sexuelle Fort-

pflanzung andauerte, um so fester musste sie sich der
Art-Konstitution einfügen, um so schwerer konnte sie
wieder verloren gehen.

Dennoch ist sie in einzelnen Fällen verloren gegangen, wenn auch zunächst nur in bestimmten Generationen. So wechseln bei den Blattläusen und bei
manchen niederen Krustern Generationen mit parthenogenetischer Fortpflanzung mit solchen ab, die sich noch
auf sexuellem Wege fortpflanzen. In den meisten Fällen
aber lässt sich einsehen, dass hier ein bedeutender Nutzen
aus dem theilweisen Wegfall der Amphigonie für die
Existenzfähigkeit der Art entsprang; durch die partielle
Parthenogenese konnte in gegebener Zeit eine ungleich
stärkere Vermehrung der Individuenzahl erreicht werden,
und diese ist bei den eigenthümlichen Existenzbedingungen
dieser Arten von entscheidender Bedeutung. Eine Kruster-
art, die in rasch austrocknenden Pfützen lebt und aus
Dauereiern hervorgeht, die im Schlamm eingetrocknet
lagen, hat meist nur eine sehr kurze Spanne Zeit zur
Verfügung, um die Existenz einer folgenden Generation
zu sichern. Die wenigen Dauereier, welche den Nach-
stellungen zahlreicher Feinde entgangen sind, schlüpfen
aus bei der ersten niedergefallenen Regenmenge; sie
wachsen in wenigen Tagen heran und pflanzen sich nun
als „Jungfern-Weibchen" in rascher Folge fort. Ihre
Nachkommen desgleichen, und so entsteht in kurzer
Zeit eine unglaubliche Menge von Individuen, die nun
auf geschlechtlichem Wege wieder Dauereier erzeugen.
Wenn dann auch die Pfütze wieder austrocknet, so ist

dennoch die Existenz der Kolonie gesichert, denn bei
der enormen Zahl von Thieren, die Dauereier erzeugten,
ist auch die Zahl der Dauereier eine überaus grosse, und
aller Zerstörung zum Trotz werden immer noch genug
übrig bleiben, um später eine neue Generation entstehen
zu lassen. Die sexuelle Fortpflanzung ist also hier nicht
etwa zufällig oder aus inneren Gründen, sondern aus
ganz bestimmten äusseren Zweckmässigkeitsgründen aufgegeben worden.

Es gibt aber auch einzelne Fälle, in denen die
sexuelle Fortpflanzung ganz ausgefallen ist und Parthenogenese die einzige Form der Fortpflanzung bildet. Im
Thierreich sind das vorwiegend solche Arten, bei deren
nächsten Verwandten wir den eben besprochenen Wechsel
von Parthenogenese und Amphigonie beobachten, manche
Gallwespen und Blattläuse, auch einzelne Kruster
des süssen und salzigen Wassers. Man kann sich vorstellen, dass sie aus jenen Fällen mit Wechselfortpflanzung
hervorgegangen sind durch Ausfall der amphigonen Generationen.

Aus welchen Motiven dies geschah, ist im einzelnen
Fall nicht immer ganz leicht auszumachen, doch werden
im Allgemeinen hier dieselben Momente in Betracht gekommen sein, welche auch die erste Einführung der
Parthenogenese veranlassten. Wenn eine Crustaceen-Art
mit der eben kurz skizzirten Wechselfortpflanzung (Hetero-
gonie) in noch höherem Grade als bisher von Feinden
decimirt würde, so würde offenbar in einer noch mehr
gesteigerten Fruchtbarkeit der drohenden Vernichtung

Schach geboten werden können. Diese aber würde durch
reine Parthenogenese erreicht werden können (5), indem
dadurch die Zahl der eierproducirenden Individuen der
bisherigen Geschlechts-Generationen auf das Doppelte
der bisherigen Zahl vermehrt würden.

In gewissem Sinne wäre dies das letzte und äusserste
Mittel, durch welches eine Art ihre Existenz sichern
könnte, ein Mittel, welches sie aber später einmal theuer
zu bezahlen haben würde. Denn wenn meine Ansicht
über die Ursachen der erblichen individuellen Variabilität
richtig ist, dann müssen alle solche Arten mit rein parthenogenetischer Fortpflanzung auf den Aussterbe-Etat
gesetzt sein, nicht in dem Sinn, dass sie unter den jetzt
herrschenden Lebensbedingungen aussterben müssten,
wohl aber in dem, dass sie unfähig sind, sich neuen
Lebensbedingungen anzupassen, sich in neue Arten um-
zuwandeln. Sie können Selektionsprozesse nicht mehr
eingehen, weil sie durch den Verlust der sexuellen Fortpflanzung die Möglichkeit verloren haben, die erblichen
individuellen Charaktere, welche bei ihnen vorkommen,
zu mischen und zu steigern.

Die Thatsachen — soweit solche vorliegen — bestätigen diesen Schluss, denn wir begegnen nirgends
ganzen Gruppen von Arten oder Gattungen, die sich
rein parthenogenetisch fortpflanzten. Dies müsste aber
der Fall sein, wenn jemals Parthenogenese durch ganze
Artfolgen hindurch die alleinige Fortpflanzungsform gewesen wäre. Wir finden sie immer nur sporadisch und
unter solchen Verhältnissen, die uns schliessen lassen,

dass sie erst bei der betreffenden Art zur ausschliess-
lichen Herrschaft gelangt sei. So verhält es sich bei
den Thieren, und bei den Pflanzen bildet die von de Bary
entdeckte Apogamie einer einzelnen Varietät einer Farn-
art einen genau entsprechenden Fall.

Es gibt schliesslich noch eine Gruppe von Thatsachen ganz anderer Art, welche, soweit wir heute ur-
theilen können, mit meiner Auffassung von der Bedeutung
der sexuellen Fortpflanzung stimmen und als eine Stütze
derselben aufgeführt werden können. Ich meine d a s
Verhalten funktionsloser Organe bei Arten
mit parthenogenetischer Fortpflanzung.

Unter der Voraussetzung, dass erworbene Charaktere
nicht vererbt werden — und dies ist die Grundlage
der hier entwickelten Ansichten — können Organe, die
nicht mehr gebraucht werden, nicht auf dem direkten
Wege rudimentär werden, wie man sich es bisher vor-
stellte. Wohl nimmt das nicht funktionirende Organ an
Stärke und Ausbildungsgrad ab in dem Individuum,
welches dasselbe nicht gebraucht, allein die erworbene
Verschlechterung desselben vererbt sich nicht auf
die Nachkommen. Die Erklärung für das thatsächlich feststehende Rudimentärwerden nicht mehr gebrauch-
ter Theile muss somit auf einem andern Weg versucht
werden. Man wird dabei von dem Gesichtspunkt ausgehen müssen, dass neue Formen nicht nur durch Selektion geschaffen werden, sondern auch erhalten.
Damit ein Theil des Körpers bei irgend einer Art auf
der Höhe seiner Leistungen erhalten werde, müssen alle

Individuen, welche ihn in minder vollkommener Weise
besitzen, von der Fortpflanzung ausgeschlossen werden,
d. h. sie müssen im Kampf ums Dasein unterliegen.
Oder um ein bestimmtes Beispiel zu geben: bei einer
Art, die, wie etwa Raubvögel, in ihrem Nahrungserwerb
von der Schärfe ihres Sehorgans abhängen, werden un-
ausgesetzt alle minder scharfsichtigen Vögel[1]) ausge-
merzt werden müssen, weil sie die Wettbewerbung um
die Nahrung mit den höchst scharfsichtigen nicht aus-
halten können. Sie gehen zu Grunde, ehe sie zur Fortpflanzung gelangt sind, und ihre minder guten Sehorgane
werden nicht weiter vererbt. Auf diese Weise erhält
sich die Scharfsichtigkeit der Raubvögel auf der grösstmöglichen Höhe. Sobald nun aber ein Organ nicht mehr
gebraucht wird, hört diese unausgesetzte Auslese der
Individuen mit den besten Organen auf, und es tritt das
ein, was ich als Panmixie bezeichne. Jetzt gelangen
nicht mehr blos die auserlesenen Individuen mit den
besten Organen zur Fortpflanzung, sondern ebensowohl
auch solche mit minder guten. Eine Vermischung
aller überhaupt vorkommenden Gütegrade
des Organs muss die unausbleibliche Folge
sein, und somit auch im Laufe der Zeit eine
durchschnittliche Verschlechterung des betreffenden Organs. So wird eine Art, die sich in
lichtlose Höhlen zurückgezogen hat, nothwendig nach

---

1) Ich wiederhole hier das Beispiel, welches ich schon früher
bei dem ersten Versuch, die Wirkungen der Panmixie klar zu legen,
gewählt habe. Vergl. meine Schrift: „Ueber Vererbung".

und nach schlechtere Augen bekommen, da kein Fehler
im Bau dieses Organs, der in Folge der individuellen
Variation einmal vorkommt, korrigirt wird, sondern ein
jeder sich weiter forterben und befestigen kann. Dies
muss um so mehr geschehen, als die Nachbar-Organe,
die ja alle für das Leben des Thieres von Bedeutung
sind, an Stärke gewinnen, was das funktionslose Organ
an Raum und Nahrungsstoffen verliert. Da nun auf
jeder Stufe rückschreitender Umbildung immer wieder
individuelle Schwankungen des Organs vorkommen, so
wird das Sinken desselben von seiner ursprünglichen
Höhe sehr langsam zwar, aber ganz sicher so lange
fortgehen müssen, bis auch der letzte Rest desselben
geschwunden ist. Wie ungeheuer langsam dies vor sich
geht, das zeigen ja zahlreiche Fälle von rudimentären
Organen, der oben erwähnte embryonale sechste Finger
des Menschen so gut, als die im Fleisch steckenden
Hinterbeine der Wale, oder die embryonalen Zahnkeime
derselben Thiere. Ich glaube, dass gerade die enorme
Langsamkeit dieses allmählichen Schwindens funktionsloser Organe viel besser mit meiner Auffassung stimmt
als mit der bisherigen. Denn der Effekt des Nichtge-
brauchs eines Organs ist im Laufe eines Einzellebens
schon ein recht beträchtlicher. Ueberträge er sich, selbst
nur in Abschwächung, direkt auf die Nachkommen, so
müsste ein Organ schon in hundert, geschweige in
tausend Generationen auf ein Minimum reducirt sein.
Und wie viel Millionen von Generationen mögen vergangen sein, seit etwa die Bartenwale ihre Zähne nicht

mehr gebraucht und durch die Fischbeinbarten ersetzt
haben? Wir wissen es nicht ziffermässig, aber die
ganze Masse der Tertiärgebirge ist seit jener Zeit von
den älteren Schichten als Schlamm abgeschwemmt, ins
Meer versenkt, gehoben und zum grossen Theil wieder
abgeschwemmt worden.

Wenn nun diese Ansicht von den Ursachen der Ver-
kümmerung nichtgebrauchter Organe als richtig angenommen werden darf, dann folgt daraus, dass r u d i -
m e n t ä r e O r g a n e n u r b e i A r t e n m i t s e x u e l l e r
F o r t p f l a n z u n g v o r k o m m e n k ö n n e n, nicht bei
solchen mit ausschliesslich parthenogenetischer Fortpflanzung. Denn Variabilität beruht nach meiner Auffassung auf der sexuellen Fortpflanzung, das Verkümmern
eines nicht mehr gebrauchten Organs aber beruht so-
gut auf der Variabilität desselben, wie irgend eine Veränderung in aufsteigender Richtung. Aus doppeltem
Grunde müssen wir also erwarten, dass Organe, welche
nicht mehr gebraucht werden, bei Arten mit ungeschlechtlicher Fortpflanzung unverkümmert bleiben: erstens, weil
überhaupt nur ein sehr geringer Grad von vererbbarer
Variabilität vorhanden sein kann, soweit nämlich ein
solcher aus der Zeit der geschlechtlichen Fortpflanzung
der Vorfahren sich weitergeerbt hat, und zweitens, weil
selbst diese geringe Variabilität nicht zur Vermischung
kommt, weil Panmixie nicht eintreten kann.

Es scheint sich nun wirklich so zu verhalten, wie
die Theorie es verlangt: b e i p a r t h e n o g e n e t i s c h
s i c h f o r t p f l a n z e n d e n A r t e n w e r d e n ü b e r -

flüssige Organe nicht rudimentär. Soweit meine
Erfahrungen reichen, verkümmert z. B. die Samentasche,
das Receptaculum seminis nicht, obgleich es doch bei
der Parthenogenese völlig ausser Funktion gesetzt ist.
Ich lege kein grosses Gewicht dem Umstand bei, dass
die Psychiden und Solenobien, Schmetterlinge, deren
parthenogenetische Fortpflanzung durch Siebold und
Leuckart festgestellt wurde, noch den vollständigen
weiblichen Geschlechtsapparat besitzen, weil bei diesen
Arten hier und da noch Kolonien mit Männchen vorkommen. Wenn auch die meisten Kolonien rein weibliche
sind, so weist doch das Vorkommen von Männchen in
andern darauf hin, dass die Eingeschlechtlichkeit der
ersteren noch nicht von sehr langer Dauer sein kann.
Der Process der Umwandlung der Art aus einer zweigeschlechtlichen in eine eingeschlechtliche, nur aus Weibchen bestehende ist hier noch nicht überall zum Ab-
schluss gelangt, er ist noch in Gang.

Aehnlich verhält es sich mit mehreren Arten von
Gallwespen, die sich durch Parthenogenese fortpflanzen. Auch hier kommen noch einzelne Männchen
vor, und zwar nicht blos in einzelnen Kolonien, sondern
überall. So zählte Adler bei der gewöhnlichen Rosen-
Gallwespe sieben Männchen auf 664 Weibchen [1]).

Dagegen scheinen bei einigen Muschelkrebschen (Ostracoden) die Männchen völlig zu fehlen,
wenigstens habe ich mich seit Jahren vergeblich bemüht,

---

[1]) Adler, Zeitschrift f. wiss. Zool. Bd. XXXV, 1881.

sie irgendwo, oder zu irgend einer Jahreszeit aufzufinden [1]).

Dahin gehört Cypris vidua und Cypris reptans. Trotzdem nun hier die Umwandlung der früher zweigeschlechtlichen Art zu rein weiblichen Arten abgeschlossen zu sein scheint [2]), besitzen die Weibchen doch noch die grosse, birnförmige Samentasche mit ihrem langen, in vielen Spiralwindungen aufgerollten, mit starkem Drüsenbelag versehenen Stiel. Dies ist um so auffallender, als gerade bei den Muschelkrebschen dieser Apparat sehr komplicirt ist, also rückläufige Veränderungen desselben leicht zu bemerken wären. Auch bei den Rindenläusen (Chermes) ist die Samentasche den Weibchen unverkümmert geblieben, obwohl hier die Männchen ganz zu fehlen scheinen, wenigstens trotz der vereinten Anstrengungen mehrerer scharfsichtiger Beobachter nicht aufgefunden werden konnten. Ganz anders verhält es sich dagegen bei Arten mit Wechselfortpflanzung. Den Sommerweibchen der Blattläuse ist die Samentasche verloren gegangen, aber bei diesen

---

1) Vergl. meinen Aufsatz: „Parthenogenese bei den Ostracoden" im „Zool. Anzeiger" 1880, p. 82. Derartige negative Befunde wiegen sonst nicht schwer, und mit Recht. Hier aber verhält es sich anders, weil die Anwesenheit von Männchen in einer Kolonie von Muschelkrebsen auf indirektem Wege sehr leicht festzustellen ist. Sobald eine Kolonie überhaupt Männchen enthält, findet man die Samentasche aller reifen Weibchen mit Samen gefüllt, und umgekehrt kann man völlig sicher sein, dass die Männchen fehlen, wenn man in der Samentasche einer Anzahl von reifen Weibchen keinen Samen gefunden hat.

2) Völlige Sicherheit können wir darüber desbalb nicht haben, weil es ja denkbar ist, dass in andern als den untersuchten Kolonien noch Männchen vorkommen.

Insekten hat die geschlechtliche Fortpflanzung nicht
aufgehört, sondern wechselt regelmässig ab mit der
Jungfernzeugung.

Gewiss ist auch dieser Beweis für die Richtigkeit
meiner Auffassung der sexuellen Fortpflanzung kein absoluter, vielmehr nur ein Wahrscheinlichkeits-Beweis.
Mehr lässt sich zur Zeit überhaupt noch nicht geben,
dazu sind wir noch nicht reich genug an Thatsachen,
von denen viele erst aufgesucht werden können, nachdem
die Frage einmal gestellt ist. Es handelt sich hier um
verwickelte Erscheinungen, deren Erkenntniss wir uns
nicht auf einmal, sondern nur allmählich nähern
können.

So viel hoffe ich indessen doch gezeigt zu haben,
dass die Selektionstheorie keineswegs unvereinbar ist
mit dem Gedanken von der „Continuität des Keimplasma's" und weiter, dass — sobald wir diesen Gedanken als richtig annehmen — die sexuelle Fortpflanzung
in einem ganz neuen Licht erscheint, einen Sinn bekommt, gewissermassen verständlich wird.

Die Zeit ist vorüber, in der man glaubte, durch
das blosse Sammeln von Thatsachen die Wissenschaft
vorwärts zu bringen. Wir wissen, dass es nicht darauf
ankommt, möglichst viele beliebige Fakta aufzuhäufen,
gewissermassen einen Katalog der Thatsachen anzulegen,
sondern dass es sich darum handelt, solche Thatsachen
festzustellen, deren Verbindung durch den Gedanken uns
in den Stand setzt, irgend einen Grad von Einsicht in
irgend einen Naturvorgang zu erlangen. Um aber zu

wissen, auf welche n e u e Feststellungen es zunächst ankommt, ist es unerlässlich, das, was wir bereits davon
besitzen, zu ordnen, zusammenzufassen und zu einer
theoretisch begründeten Gesammtauffassung zu verbinden. Das ist es, was ich heute versucht habe zu thun.

Aber handelt es sich hier nicht vielleicht um v i e l
z u verwickelte Erscheinungen, als dass wir sie jetzt
schon in Angriff nehmen dürften, sollten wir nicht ruhig
warten, bis erst die einfacheren Erscheinungen in ihre
Komponenten zerlegt sein werden, und ist die Mühe und
Arbeit, die wir uns gegenüber solchen Fragen, wie der
von der Vererbung oder der Umwandlung der Arten
geben, nicht nutzlos und verloren?

Allerdings hört man gar manchmal solche Aeusse-
rungen; ich glaube aber, sie beruhen auf einer Unklarheit über die Methode der Naturforschung, welche die
Menschheit bisher eingehalten hat und welche somit
doch wohl in den natürlichen Beziehungen begründet
ist, in welchen wir zur Natur stehen.

Man vergleicht nicht selten die Wissenschaft mit
einem G e b ä u d e, welches in solidester Weise aufgeführt
werde, indem man Stein auf Stein, Thatsache auf Thatsache lege und so allmählich zu immer grösserer Höhe
und Vollendung emporsteige. Bis zu einem gewissen
Punkt trifft ja auch dieser Vergleich zu, aber er lässt
doch leicht übersehen, dass dies Gebäude an k e i n e r
S t e l l e d e n B o d e n b e r ü h r t, dass es für jetzt mindestens noch vollständig in der Luft schwebt. Denn
keine einzige Wissenschaft, auch die Physik nicht, hat

ihren Bau von unten angefangen, vielmehr haben sie
alle mehr oder weniger hoch oben in der Luft begonnen
und dann weiter nach unten gebaut; den Erdboden aber
hat auch die Physik noch nicht erreicht, die ja gerade
über das Wesen der Materie und der Kraft noch am
aller unsichersten ist. Wir können bei keiner Erschei-
nungsgruppe mit der Erforschung ihres letzten Grundes
anfangen, weil uns gerade hier die Mittel zur Erkenntniss versagen; wir können nicht vom Einfachen anfangen
und zum Complizirten fortschreiten, nicht synthetisch
und deduktiv verfahren und die Erscheinungen von unten
an aufbauen, sondern analytisch und induktiv von oben
nach unten; wenigstens doch im Grossen und Ganzen.

Das ist ja auch unbestritten, aber es wird doch oft
vergessen, wie der vorhin berührte Einwurf beweist.
Dürften wir die verwickelten Erscheinungen erst dann in
Angriff nehmen, wenn wir die einfacheren vollständig —
soweit dies möglich — erkannt hätten, dann müssten
wir sammt und sonders Physiker und Chemiker werden
und erst, wenn wir mit Physik und Chemie vollständig
fertig wären, dürften wir zur Erforschung der lebenden Natur übergehen. Dann dürfte es auch heute noch
keine wissenschaftliche Medizin geben, da doch die pa-
thologische Physiologie nicht angefangen werden
könnte, ehe nicht die normale Physiologie fertig wäre.
Und wie Manches verdankt doch die normale Physiologie
der pathologischen, ein Beispiel, dass es nicht nur er-
laubt, sondern in hohem Grade vortheilhaft ist, wenn
die verschiedenen Erscheinungskreise gleichzeitig bear-
beitet werden.

5*

Wo wäre ferner — wenn wir den Weg vom Einfachen zum Zusammengesetzteren überall einzuhalten
hätten — die Descendenzlehre, deren Einfluss unsere Erkenntniss auf biologischem Gebiet in geradezu
unermesslicher Weise gefördert hat?

Aber unter der oft gehörten Forderung, man solle
so komplizirte Erscheinungen, wie z. B. die Vererbung
jetzt noch nicht in Angriff nehmen, verbirgt sich noch
eine andere Unklarheit, nämlich die, als sei eine Thatsache deshalb unsicherer, weil ihre Ursachen sehr verwickelte, für uns zunächst noch nicht übersehbare sind.
Aber ist es denn weniger sicher, dass aus dem Ei eines
Adlers wieder ein Adler wird, oder dass die Eigenthümlichkeiten des Vaters und der Mutter auf das Kind übertragen werden, als dass ein Stein zu Boden fällt, wenn
er nicht unterstützt wird? Und lässt sich nicht aus der
Thatsache, dass der Vererbungsantheil von Vater und
Mutter ganz oder nahezu gleich ist, ein ganz bestimmter
und sicherer Schluss ziehen auf die Menge der wirksamen Substanz in den beiderlei Keimzellen? Oder ist es
nutzlos, dergleichen Schlüsse zu ziehen? ist es nicht
vielmehr der einzige Weg, auf dem wir allmälig in die
Tiefe der Erscheinungen hinabsteigen können?

Nein! Die Wissenschaft vom Lebendigen hat nicht
zu warten, bis Physik und Chemie fertig sind, und die
Erforschung der Vererbungsvorgänge hat nicht zu warten, bis die Physiologie der Zelle fertig ist. Ich möchte
die Wissenschaft im Ganzen eher einem Bergwerk vergleichen, das zur Aufgabe hat, ein ausgedehntes und

vielfach verzweigtes Erzlager aufzuschliessen. Es wird nicht nur von e i n e m Punkt, sondern von vielen zugleich in Angriff genommen. Von gewissen Stellen aus kommt man rascher auf die tieferen Erzgänge, von anderen kann man nur die oberflächlicheren erreichen, von a l l e n aber wird irgend eine Strecke des komplizirten Ganzen klar gelegt. Je vielfacher die Angriffspunkte sind, um so vollständiger wird die Kenntniss werden, die man von dem Ganzen erlangt, und überall ist werthvolle Einsicht zu erreichen, wenn nur mit Umsicht und Ausdauer gearbeitet wird.

Aber eben die Umsicht gehört auch dazu; oder um aus dem Bilde zu treten: d a s V e r b i n d e n d e r T h a t - s a c h e n d u r c h d e n G e d a n k e n. So wenig Theorien werth sind ohne festen Boden, so wenig sind Thatsachen werth, die zusammenhangslos nebeneinander liegen. Ohne Hypothese und Theorie giebt es keine Naturforschung. Sie sind das Senkblei, mit dem wir die Tiefe des Oceans unverstandener Erscheinungen untersuchen, um danach den ferneren Kurs unseres Forschungsschiffes zu bestimmen. Sie geben uns kein absolutes Wissen, aber sie geben uns d e n Grad von Einsicht, der augenblicklich möglich ist. Ohne Leitung theoretischer Anschauungen aber weiterforschen, heisst soviel als im dicken Nebel auf gut Glück weiter gehen ohne Weg und ohne Compass. Man kommt auch auf diese Weise wohin, aber ob in eine Steinwüste unverständlicher Thatsachen, oder in das geordnete System klarer, zusammenhängender, nach einem Ziel führender Wege, das ist dann Sache des

Zufalls, der in den meisten Fällen gegen uns ent-
scheidet.

In diesem Sinne mögen Sie auch den Wegweiser
oder Compass des Gedankens, den ich Ihnen heute vor-
legte, aufnehmen. Sollte ihm auch bestimmt sein, später
durch einen besseren ersetzt zu werden; wenn er nur
im Stande ist, die Forschung ein Stück weiter zu führen, so hat er seinen Zweck erfüllt.

ZUSÄTZE.

1. Ein Beweis gegen die Umwandlung aus innern Gründen [1]).

Wenn Nägeli's Anschauung von der in den Organismen selbst liegenden treibenden Umwandlungsursache als „phyletische Umwandlungskraft" bezeichnet wurde, so soll damit nicht gesagt sein, dass dieselbe · etwa jenen mystischen Principien zuzurechnen sei, welche nach Anderen als „das Unbewusste" oder unter irgend einem sonstigen Titel die Direktion der Transmutationen übernehmen sollten. Das sich von innen heraus verändernde „Idioplasma" Nägeli's ist im Gegentheil durchaus als naturwissenschaftliches, d. h. mechanisch wirkendes Princip gedacht; es ist theoretisch unzweifelhaft vorstellbar, es fragt sich nur, ob es in Wirklichkeit so existirt. Nach Nägeli stellt „die wachsende organische Substanz" (eben das „Idioplasma") „nicht nur ein Perpetuum mobile dar, insofern der Substanz ohne Ende Kraft und Stoff von aussen geboten wird" zum unausgesetzten Fortwachsen, „sondern auch durch innere Ursachen ein Perpetuum variabile" (a. a. O. p. 118). Gerade dies ist aber fraglich, ob es die Struktur des Idioplasma's selbst ist, welche es zwingt, sich im Laufe seines Wachsthums allmählich zu verändern, oder ob nicht vielmehr die äusseren Bedingungen es sind, welche das in kleinen Amplitüden hin und her schwankende Idioplasma durch Summirung dieser kleinen Unterschiede

---

1) Zusatz zu pag. 5.

in bestimmter Richtung zur Veränderung zwingt. Im
Text wurde schon gezeigt, dass wir mit der Nägeli'-
schen Annahme Nichts gewinnen, weil das Haupträthsel,
welches uns die organische Natur zu lösen aufgibt, die
Anpassung dabei ungelöst bleibt. Diese Theorie erklärt also die Erscheinungen nicht; ich glaube, es lässt
sich aber auch zeigen, dass sie mit Thatsachen im
Widerspruch steht.

Wenn das Idioplasma wirklich die ihm von Nägeli
zugeschriebene Eigenschaft der spontanen Veränderlichkeit besässe, wenn es sich durch sein Wachsthum selbst
allmählich verändern und dadurch neue Arten hervorbringen müsste, dann sollte man erwarten, dass die
Lebensdauer der Arten, der Gattungen, Familien u. s. w.
nahezu die gleiche sein würde, wenigstens doch bei
Formen von gleicher Complikation des Baues. Die
Zeit, welche das Idioplasma braucht, um sich so weit
zu verändern, dass die Umwandlung zur neuen Art
erfolgt, müsste bei gleicher Organisationshöhe, oder,
was dasselbe ist, bei gleicher Complicirtheit der Molekularstruktur des Idioplasma's die gleiche sein. Mir
scheint es eine unabweisbare Consequenz aus der
Nägeli'schen Annahme zu sein, dass das verändernde Moment allein in dieser Molekularstruktur selbst liege. Wenn nichts weiter zur Veränderung des Idioplasma's gehört, als eine bestimmte Wachsthumsgrösse desselben — d. h. also eine bestimmte Zeit,
während deren sich die Art mit einer bestimmten Intensität fortpflanzt — dann muss die Veränderung bei jedem
Idioplasma nach Erreichung dieser Wachsthumsgrösse, oder

nach Ablauf dieser Zeit eintreten. Mit andern Worten: die Lebensdauer einer Art von ihrer Entstehung durch Umwandlung aus einer älteren Art bis zu ihrer Umwandlung in eine neue muss bei Arten von gleicher Organisationshöhe die gleiche sein. Dieser Folgerung aus dem Nägeli'schen Princip entsprechen aber die Thatsache durchaus nicht. Die Lebensdauer der Arten ist eine überaus verschiedene. Manche entstehen und vergehen wieder innerhalb einer einzigen geologischen Formation, andere dauern mehrere Formationen hindurch, wieder andere sind nur auf einzelne Abtheilungen einer Formation beschränkt. Nun kann man ja allerdings die Organisationshöhe einer Art nicht so genau abschätzen, die Unterschiede könnten also auf Ungleichheiten in der Organisationshöhe beruhen, oder auch vielleicht darauf beruhen, dass es Arten gäbe, die überhaupt nicht mehr umwandlungsfähig sind, und die nun, ohne sich weiter umzuformen, unter günstigen äussern Verhältnissen noch ungemessene Zeiträume weiter leben könnten; das wäre aber eine weitere Hypothese, und zwar eine, die mit der ersten Hypothese von der nothwendig in der Molekularstruktur begründeten Veränderlichkeit des Idioplasma's durch das Wachsthum allein in direktem Gegensatz stände. Auch sagt Nägeli selbst: „Durch die inneren Ursachen verändert sich die Substanz der Abkömmlinge der Urwesen" — das heisst also das Idioplasma — „beständig, auch wenn die Generationenreihe eine unendliche Dauer erreichte" (a. a. O. p. 118); sonach gibt es also keinen Stillstand in dem Veränderungsprocess des Idioplasma's,

so wenig bei der einzelnen Art als bei der Organismenwelt im Ganzen. Man könnte sich auch hinter die
Lückenhaftigkeit unserer geologischen Kenntnisse flüchten,
allein die Anzahl sicherer Daten ist doch zu gross,
und die Thatsache steht fest, dass manche Gattungen
z. B. die Cephalopoden-Gattung Nautilus, vom Silur an-
fangend durch alle drei geologischen Zeitalter hindurch
bis in unsere Tage ausgedauert hat, während alle ihre
Verwandte aus dem Silur (Orthoceras, Gomphoceras,
Goniatites u. s. w.) schon seit zwei geologischen Zeit-
altern ausgestorben sind.

Eine kühne und gewandte Dialektik kann ja gegen
alle derartige Argumente immer noch manches einwen-
den; für einen an und für sich schon ausreichenden Beweis gegen die Selbstveränderlichkeit des Nägeli'schen
Idioplasma's will ich deshalb auch die geologischen
Thatsachen nicht ausgeben; sie sind dazu in der That
nicht vollständig genug. Man könnte ja in dem Fall
von Nautilus z. B. nur einwerfen, dass wir hinter das
Silur nicht zurückgehen können in Bezug auf Cephalo-
poden-Schalen, dass es also möglich sei, die silurischen
Verwandten des Nautilus hätten schon ebensolang in
vorsilurischer Zeit gelebt, als Nautilus in nachsilu-
rischer. Immerhin wird man das mindestens zugeben
müssen, dass die Thatsachen der Geologie der Nägeli'-
schen Hypothese keinen Anhalt gewähren: von einem
auch nur annähernd regelmässigem Wechsel der Formen
ist keine Spur zu erkennen.

2. Nägeli's Erklärung der Anpassungen [1]).

Zur Erklärung der Anpassungen nimmt Nägeli
an, dass äussere Einwirkungen unter Umständen geringe
bleibende Veränderungen zur Folge haben können.
Wenn dann derartige Einwirkungen „während langer
Zeiträume beständig in dem gleichen Sinne thätig sind",
so kann sich „die Umstimmung" — (im Idioplasma) —
„zu einer bemerkbaren Grösse steigern, d. h. zu einer
Grösse, welche in sichtbaren äussern Merkmalen sich
kundgibt" (p. 137). Daraus allein resultirt nun noch
keine Anpassung, die ja darin besteht, dass die ein-
tretende Abänderung zweckentsprechend ist. Nägeli
macht nun geltend, dass äussere Reize häufig ihre
„Hauptwirkung gerade an der gereizten Stelle geltend
machen, und zwar bei einem schädlichen Eingriff in der
Weise, dass der Organismus sich bereit macht, denselben
abzuwehren. Es findet ein Zudrang von Säften nach
der Stelle statt, welche von dem Reiz getroffen wurde,
und es treten diejenigen Neubildungen ein, welche ge-
eignet sind, die Integrität des Organismus wiederher-
zustellen und allenfalls verloren gegangene Theile, soweit es möglich ist, wieder zu ersetzen." So beginnt

---

1) Zusatz zu pg. 6.

um die verwundete Stelle eines lebenden Pflanzenge-
webes das gesunde Gewebe zu wuchern und die Wunde
mit einer „vielschichtigen undurchdringlichen Korkhaut
(Wundkork)" abzuschliessen und zu schützen u. s. w.
Gewiss gibt es zahlreiche derartige zweckmässige Reaktionen des Organismus, auch des thierischen. Auch die
Verwundungen unseres eignen Körpers rufen eine Wucherung des umgebenden Gewebes hervor, welche zum Schluss
der Wunde führt, und bei Salamandern wächst sogar
das abgeschnittene Bein, oder der Schwanz wieder von
Neuem. Ja die zweckmässige Beantwortung der Reize
geht so weit, dass der hellgrüne, auf hellgrünem Blatt
sitzende Laubfrosch dunkelbraun wird, wenn man ihn
in dunkle Umgebung bringt. Er passt sich der Farbe
seiner Umgebung an und erlangt dadurch Schutz vor
seinen Feinden. Es fragt sich nur, ob diese Fähigkeit
der Organismen auf gewisse Reize in zweckmässiger
Weise zu antworten, primäre, ursprüngliche Eigenschaften der betreffenden Organismen sind. Die Fähigkeit, ihre Hautfarbe der Umgebung entsprechend zu
ändern, ist eine wenig verbreitete und beruht z. B. beim
Laubfrosch auf einem recht verwickelten Reflex-Mecha-
nismus, darauf nämlich, dass gewisse Farbzellen der
Haut mit Nerven in Verbindung stehen [1]), welche aus
dem Gehirn des Thieres kommen und dort durch Ver-
mittlung von Nervenzellen mit den nervösen Centren
des Sehorganes in der Weise zusammenhängen, dass
starkes Licht, welches die Netzhaut des Auges trifft,

---

1) Vergl. Brücke, „Farbenwechsel des Chamäleon" Wien. Sitzber.
1851 und Leydig „Die in Deutschland lebenden Saurier." 1872.

einen Reiz auf sie ausübt, der nun durch die erwähnten
Hautnerven nach jenen Farbstoffzellen der Haut hinge-
leitet wird, diese Zellen zur Zusammenziehung veranlasst und auf diese Weise der Haut die hellgrüne Färbung verleiht. Hört der starke Lichtreiz auf, so dehnen
sich die Farbstoffzellen wieder aus und bedingen dadurch
eine dunkle Färbung der Haut. Dass die Chromatophoren
der Haut hier nicht d i r e k t auf den Lichtreiz reagiren, beweist der L i s t e r'sche Versuch [1]): geblendete
Laubfrösche reagiren nicht mehr auf Licht. Hier liegt
es auf der Hand, dass wir es mit einer sekundär erworbenen Eigenschaft des betreffenden Organismus zu
thun haben; aber es wäre doch erst noch zu beweisen,
dass nicht sämmtliche von N ä g e l i angeführte zweckmässige Reaktionen der Organismen e r w o r b e n e Eigenschaften, A n p a s s u n g e n sind, und keineswegs primäre
oder Ur-Eigenschaften der lebenden Substanz.

Gewiss gibt es auch Reaktionen der Organismen,
die nicht auf Anpassung beruhen, aber diese sind auch
gar nicht immer zweckmässige. Sonderbarerweise führt
N ä g e l i unter seinen Beispielen zweckmässiger Reaktionen auf äussere Reize auch die G a l l e n b i l d u n g bei
Pflanzen an. Man kann aber wohl kaum behaupten,
dass die Gallen von irgend welchem Nutzen für die
Pflanze seien; sie sind im Gegentheil zuweilen recht
schädlich. Nützlich sind sie nur für das Insekt, welches
unter dem Schutz und der Ernährung der Galle heran-
wächst. Es ist durch die neueren vortrefflichen Unter-

---

1) Philosoph. Transact. Vol. 148, p. 627—644.

suchungen von A d l e r in Schleswig[1]) und von B e y e - r i n c k[2]) in Delfft nachgewiesen worden, dass nicht, wie man früher glaubte, der Stich der eierlegenden Gallwespe den Reiz zur Entwicklung der Galle setzt, sondern vielmehr lediglich die aus dem Ei sich entwickelnde Larve. Die Anwesenheit dieses sich bewegenden kleinen Fremdkörpers reizt die Gewebe der Pflanze in ganz bestimmter Weise und zwar so, wie es für die Larve vortheilhaft ist, nicht für die Pflanze! Für diese würde es vortheilhaft sein, wenn sie den lebendigen Fremdkörper tödtete, ihn einkapselte mit einer nahrungslosen Holzschicht, ihn vergiftete mit einem ätzenden Sekret oder auch ihn einfach durch Zellwucherung erdrückte. Aber nichts von alledem geschieht! Die Wucherung indifferenter Zellen, das sog. „Plastem" Beyerinck's geschieht rund um den noch in der Eihülle eingeschlossenen Embryo, aber nur u m i h n h e r u m, nicht in der Richtung g e g e n i h n, er selbst bleibt frei, und es bildet sich so eine eng ihn umschliessende Höhle, die sog. Larvenkammer. Es ist hier nicht der Ort darauf einzugehen, wie wir uns etwa vorstellen können, dass die Pflanze hier zu einer ihr selbst mindestens doch indifferenten, oft auch· geradezu schädlichen Bildung gezwungen wird, zu einer Bildung, die ihrem Feind zum

---

1) A d l e r, „Beiträge zur Naturgeschichte der Cynipiden", Deutsche entom. Zeitschr. XXI, 1877, p. 209 und: D e r s e l b e „Ueber den Generationswechsel der Eichen-Gallwespen", Zeitschr. f. wiss. Zool. Bd. XXXV, p. 151. 1880.

2) B e y e r i n c k, „Beobachtungen über die ersten Entwicklungsphasen einiger Cynipidengallen". Verhandl. d. Amsterd. Akad. d. Wiss. 1883. Bd. 22.

Nutzen gereicht und aufs Genaueste seinen Bedürfnissen
angepasst ist. So viel aber leuchtet ein, dass hier ein
Fall von selbstschützender Reaktion auf den Reiz
nicht vorliegt, dass somit keineswegs immer die Reaktion
des Organismus auf äussere Reize eine für ihn selbst
zweckmässige ist.

Wenn man nun aber auch wirklich die vorkommenden zweckmässigen Antworten der Organismen auf Reize
als primäre und nicht als erworbene Eigenthümlichkeiten
des Organismus ansehen dürfte, so würde dies doch
nicht im entferntesten zur Erklärung der thatsächlich
vorhandenen Anpassungen ausreichen. Nägeli versucht
es, einige specielle, von ihm ausgewählte Fälle mit diesem
Princip der „direkten Bewirkung“ zu erklären. Er betrachtet den dicken Haarpelz der Säugethiere kalter
Klimate, den Winterpelz von Thieren der gemässigten
Zone als direkte Reaktion „des Hautorgans“ auf die „Einwirkung der Kälte“, die „Hörner, Krallen, Stosszähne
der Thiere als entstanden durch den Reiz, der beim
Angriff oder bei der Vertheidigung auf bestimmte Stellen
der Körperoberfläche ausgeübt wurde“ (a. a. O. p. 144).
Es ist dies dieselbe Erklärung, welche schon im Anfang
dieses Jahrhunderts von Lamarck gegeben wurde.
Sie klingt noch einigermassen annehmbar, da ja in der
That z. B. das Auftreten eines dichten Pelzes bei den
Säugethieren gemässigten Klima's mit der kalten Jahreszeit zusammentrifft. Es fragt sich nur, ob die Fähigkeit der Haut solcher Thiere, beim Eintritt der Kälte
eine grössere Anzahl Haare hervorwachsen zu lassen,
nicht selbst wieder eine sekundär erworbene Eigenschaft

ist, so wie das Grünwerden des Laubfrosches auf den
Reiz starken Lichtes hin!

Hierbei handelt es sich aber doch nur um die zahlreichere Hervorbringung schon vorhandener Theile, wie
aber soll es möglich gewesen sein, dass die Blumen-
blätter mit ihren so bestimmten und oft so komplicirten
Formen sich dadurch aus Staubgefässen entwickelten,
dass „die blüthenstaub- und säfteholenden Insekten fortwährend durch Krabbeln und kleine Stiche" einen Reiz
setzten, der eine „Steigerung des Wachsthums" veran-
lasste! Wie ist es überhaupt möglich, aus einer Steigerung des Wachsthums allein die Entstehung einer Bildung zu erklären, an der jeder Theil seine bestimmte
Bedeutung hat, seine bestimmte Rolle bei der Anlockung
der Insekten, beim Vorgang der durch sie vermittelten
Kreuzungsbefruchtung zu spielen hat! und nicht nur die
mannigfachen Eigenthümlichkeiten der F o r m, sondern
auch die der F a r b e. Warum sind Nachtblumen durch
die Insektenkrabbelei weiss geworden, Tagblumen aber
bunt, warum findet sich so häufig ein bunter oder glänzen-
der Fleck am Zugang zu dem in der Tiefe versteckt
liegenden Honig der Blume, das sog. Saftmal?

Ueberdies gibt es ja noch eine ganze Schaar von
Farben- und Form-Anpassungen der auffallendsten Art,
bei welchen von einem R e i z gar nicht die Rede sein
kann, der auf das betreffende Organ eingewirkt haben
könnte. Oder sollte die grüne Raupe, Wanze, Heuschrecke durch das Sitzen im Grünen einem Hautreiz
ausgesetzt sein, der in der Haut grünes Pigment erzeugt?
Sollte die einem dürren Zweig ähnliche Stabheuschrecke

durch das Sitzen auf solchen Zweigen, oder durch das Ansehen derselben einem umgestaltenden Reiz auf ihren
Körper unterliegen? Und wenn man nun vollends an die
Fälle eigentlicher Nachäffung denkt, wie kann eine Art
von Schmetterling dadurch, dass sie in Gemeinschaft mit
einer andern Art umherfliegt, einen derartigen Reiz auf
diese Letztere ausüben, dass sie ihr in Gestalt und
Färbung ähnlich wird? Und in vielen Fällen von Nachäffung leben Vorbild und Nachbild nicht einmal immer
an denselben Orten! So die Schmetterlinge, Fliegen und
Käfer, welche die gefürchteten Wespen nachahmen.

Die Erklärung der Anpassungen ist der schwache
Punkt der Nägeli'schen Theorie. Es ist geradezu
wunderbar, dass ein so scharfer Denker dies nicht selbst
bemerkt hat. Man hat fast den Eindruck, als wollte
er die Selektionstheorie nicht verstehen, wenn er z. B.
über die gegenseitige Anpassung der Schmetterlings-
Rüssel und der Blumen mit röhrenförmiger Blumen-
krone Folgendes sagt (p. 150): „Zu den merkwürdigsten
und allgemeinsten Anpassungen, die wir an der Gestalt
der Blüthen beobachten, gehören die langröhrigen Kronen
in Verbindung mit den langen Rüsseln der Insekten,
welche im Grunde der engen und langen Röhren Honig
holen und dabei die Fremdbestäubung der Pflanzen vermitteln. Beide Einrichtungen" „haben sich allmählich
zu ihrer jetzigen Höhe entwickelt, die langröhrigen Blüthen
aus röhrenlosen und kurzröhrigen, die langen aus kurzen
Rüsseln. Beide haben sich ohne Zweifel in gleichem
Schritt ausgebildet, so dass stets die Länge der beiden
Organe ziemlich gleich war."

Dagegen ist nichts einzuwenden, aber nun folgt
weiter: „Wie könnte nun ein solcher Entwicklungsprocess
nach der Selektionstheorie erklärt werden, da in jedem
Stadium desselben vollkommene Anpassung bestand? die
Blumenröhre und der Rüssel hatten beispielsweise einmal die Länge von 5 oder 10 Mm. erreicht. Wurde nun
die Blumenröhre bei einigen Pflanzen länger, so war die
Veränderung nachtheilig, weil die Insekten beim Besuch
derselben nicht mehr befriedigt wurden und daher Blüthen
mit kürzeren Röhren aufsuchten, die längeren Röhren
mussten nach der Selektionstheorie wieder verschwinden.
Wurden andrerseits die Rüssel bei einigen Thieren länger,
so erwies sich diese Veränderung als überflüssig und
musste nach der nämlichen Theorie als unnöthiger Aufwand wieder beseitigt werden. Die gleichzeitige Umwandlung aber der beiden Organe wird nach der Selektionstheorie zum Münchhausen, der sich selbst am
Zopf aus dem Sumpfe zieht.“

Nach der Selektionstheorie gestaltet sich aber dieser
Fall ganz anders. Blume und Schmetterlingsrüssel käm-
pfen nicht etwa miteinander um die grössere Länge der
entsprechenden Theile, sie steigern sich nicht gegen-
seitig, sondern allein die Blume verlängerte allmählich
ihre Krone, und der Schmetterling folgte nur nach. Das
Verhältniss ist nicht dasjenige von Verfolger und Ver-
folgtem, wo etwa Jeder der schnellere zu sein strebt
und so die Schnelligkeit Beider im Laufe der Generationen
bis zur grösstmöglichen Höhe gesteigert wird. Sie verhalten sich auch nicht, wie ein insektenfressender Vogel
zu einer von ihm hauptsächlich verfolgten Schmetter-

lingsart, in welchem Fall zwei ganz verschiedene Eigenschaften fort und fort bis zu ihrem erreichbaren Maximum
gesteigert werden können, beim Schmetterling z. B. Aehnlichkeit mit den welken Blättern am Boden, zwischen
welche er sich flüchtet, wenn er verfolgt wird, beim
Vogel aber die Scharfsichtigkeit. Solange die letztere
noch steigerbar ist, so lange wird es einem Schmetter-
lings-Individuum noch zum Vortheil gereichen, dem Blatt
ein Wenig mehr zu gleichen als seine übrigen Artge-
genossen, denn er wird im Stande sein, auch den etwas
scharfsichtigeren Vogel-Individuen zu entschlüpfen, während umgekehrt das etwas scharfsichtigere Vogel-Indi-
viduum mehr Aussicht hat, auch besser geschützte
Schmetterlings-Exemplare zu erhaschen. Nur auf diese
Weise können wir uns das Zustandekommen so weit-
gehender Aehnlichkeiten mit Blättern und andern Pflanzen-
theilen erklären, wie sie ja mehrfach bei den Insekten vorkommen. Zu jeder Zeit waren beide Theile vollkommen angepasst, das heisst: sie waren so weit
geschützt, oder so weit genährt, als sie sein
mussten, um nicht an Individuenzahl dauernd
abzunehmen und also als Arten auszusterben[1]).
Das hindert aber durchaus nicht, dass sie ihre schützen-
den oder erspähenden Eigenschaften nicht hätten steigern
können, vielmehr mussten sich unvermeidlicherweise
dieselben so lange langsam steigern, als auf beiden
Seiten die physische Möglichkeit dazu noch da war.
Solange einzelne Vögel vorkamen, die noch ein Wenig

---

1) Der Einfachheit nehme ich an, dass der Verfolger nur diese
eine Beute, der Verfolgte nur diesen einen Feind hat.

schärfer sahen als die Uebrigen bisher gesehen hatten, so lange waren auch noch solche Schmetterlinge im Vortheil vor Ihresgleichen, die die Blattrippen auf ihrem Flügel deutlicher hervorgehoben trugen; von dem Moment aber, in welchem das Maximum der erreichbaren Scharfsichtigkeit wirklich erreicht war, in welchem also alle Schmetterlinge so täuschend dem Blatte glichen, dass auch die scharfsichtigsten unter den Vögeln sie im Sitzen nicht mehr von einem Blatte unterscheiden konnten, musste die weitere Steigerung der Blattähnlichkeit aufhören, denn nun hörte zugleich auch der Vortheil einer solchen Steigerung auf.

Diese gegenseitige Steigerung der Anpassungen scheint mir eines der wichtigsten Momente bei dem ganzen Umwandlungsprocess der Arten gewesen zu sein, sie muss durch lange phylogenetische Arten-Reihen hindurch sich fortgesetzt haben, bei den verschiedensten Thiergruppen und den verschiedensten Theilen und Charakteren vorgekommen sein und noch vorkommen.

Bei den oftgenannten grossen Tagfaltern indischer und afrikanischer Wälder, den auch im Text erwähnten Kallima paralecta, inachis und albofasciata ist die Blattzeichnung, „Färbung und Gestalt" so täuschend ausgebildet, dass Unvorbereitete auch in nächster Nähe ein Blatt zu sehen glauben. Dennoch ist die Aehnlichkeit keine vollsändige, wenigstens habe ich unter etwa 16 Exemplaren, die ich in den Sammlungen von Amsterdam und Leyden musterte, keines gefunden, welches mehr als zwei Seitenrippen auf der einen und mehr als drei auf der andern Seite der Mittelrippe des vermeintlichen

Blattes aufgewiesen hätte, während etwa 6 oder 7 Seitenrippen jederseits hingehört hätten. Die 2—3 Seitenrippen genügen aber so vollständig zur Täuschung, dass
man sich nur wundern muss, wie es zu einer relativ so
genauen Nachahmung hat kommen können, wie die Scharfsichtigkeit der Vögel eine so hohe werden konnte, dass
sie im raschen Flug diese rippenähnlichen Linien überhaupt noch erkannten, oder genauer, dass sie die minder
vollständige Uebereinstimmung mit einem Blatt bei Exemplaren mit einer Rippe weniger noch bemerkten. Es ist
übrigens sehr möglich, dass der Process der Steigerung
in dem Falle von Kallima noch im Gange ist; wenigstens
fielen mir ziemlich starke individuelle Unterschiede in
der Blattzeichnung auf.

Bei der Steigerung der Länge der Röhrenblumen
und der Schmetterlingsrüssel nun liegt das treibende Moment weder in der Blume, noch in dem Schmetterling, sondern in den andern Besuchern der Blume,
welche ihr den Honig rauben, ohne ihr den Gegendienst
der Fremdbestäubung zu leisten. Kurz gefasst kann
man sagen: aus flachen Blumen mit offen liegendem
Honig, wie sie als die ältesten angenommen werden
müssen, wurden allmählich solche mit tiefer liegendem,
geborgenen Honig. Vermuthlich ging auch der ganze
Process zunächst von der Blume aus, indem eine Tiefer-
legung des Honigs den Vortheil hatte, ihn vor Regen
zu sichern (Hermann Müller), und eine grössere
Menge Honig aufzuspeichern, somit also den Besuch der
Insekten zu steigern und überhaupt zu sichern. Sobald
dies geschah, begann auch der Züchtungsprocess der In-

sekten-Mundtheile, indem ein Theil derselben ihren Rüssel in dem Masse verlängerte, in welchem der Honig in die Tiefe rückte. Dieser Process musste andauern, denn sobald einmal die blumenbesuchenden Insekten sich in kurzrüsselige und längerrüsselige getheilt hatten, musste bei allen denjenigen Blumenarten eine weitere Steigerung der Blumenröhre eintreten, für welche der gesicherte Besuch weniger Insektenarten vortheilhafter war, d. h. ihre Wechselbefruchtung sicherer vermittelte als der unsichere Besuch zahlreicher verschiedener Arten. Hierin liegt der Grund der weiteren Steigerung, und es leuchtet ja ein, dass die Wechselbefruchtung einer Blumenart um so sicherer durch ein Insekt vermittelt werden wird, je weniger Blumenarten dasselbe besucht und je genauer dasselbe in Grösse, Gestalt, Behaarung, in seiner Art des Eindringens in die Blüthe den Eigenthümlichkeiten derselben angepasst ist. Insekten, welche aus allen möglichen Blumen Honig holen, werden häufig den Pollen nutzlos vergeuden, indem sie ihn in eine ganz andere Pflanzenart hineinbringen, Insekten aber, welchen nur wenige Blumen zugänglich sind, müssen viele Blumen derselben Art hintereinander besuchen, bringen also den Pollen meist an den richtigen Ort.

Die Blumenröhre und der Rüssel der sie befruchtenden Schmetterlinge musste also so lange zunehmen, als es für die Blume noch vortheilhaft war, andere, minder ständige Besucher auszuschliessen und als es für den Schmetterling vortheilhaft war, sich den Alleinbesitz der Blume zu sichern. Der Wettkampf findet also

hier nicht statt zwischen der Blume und dem
sie befruchtenden Schmetterling, sondern
zwischen diesen Beiden und den übrigen Besuchern der Blume, welche ausgeschlossen
werden sollen. Das Nähere über die Vortheile, welche
im Ausschluss anderer Besucher für die Blume, im Alleinbesitz der Blume für den Schmetterling liegen, über die
vielseitigen und genauen Anpassungen zwischen Blume
und Insekt, über die Vor- und Nachtheile, welche die
Bergung des Honigs u. s. w. mit sich führen, sehe man bei
Hermann Müller[1]) nach, der diese Verhältnisse bis
ins Einzelne hinein erörtert und in vortrefflicher Weise
klar gelegt hat.

[1] Hermann Müller „Die Befruchtung der Blumen durch Insekten und die gegenseitigen Anpassungen Beider". Leipzig 1873
p. 434 u. f. Siehe auch die zahlreichen späteren Arbeiten desselben
über das gleiche Thema.

3. Anpassungen bei Pflanzen [1]).

Dass Christian Conrad Sprengel der Erste war, der erkannte, dass die Formen und Farben der Blumen keine Zufälligkeiten, „Naturspiele" oder gar Augenergötzungen für den Menschen bedeuten, sondern dass sie die Wirkung haben, Insekten als Kreuzungsvermittler anzulocken, ist allgemein bekannt. Ebenso, dass diese schon vom Ende des vorigen Jahrhunderts herrührende Entdeckung, welche damals Aufsehen machte, später wieder in Vergessenheit gerieth und erst durch Ch. Darwin's Wiederaufnahme des Problems wieder ans Licht gezogen wurde.

Sprengel hatte in seinem 1793 in Berlin erschienenen Werk: „Das entdeckte Geheimniss der Natur im Bau und der Befruchtung der Blumen" an mehreren hundert Blumen die Eigenthümlichkeiten im Bau und der Färbung der Blumen als berechnet auf Anlockung der Insekten und Befruchtung der Blumen durch Insekten nachgewiesen. Aber erst sein Nachfolger auf diesem Gebiete erschloss auch die Bedeutung dieser Kreuzungsvermittlung der Insekten, indem er zeigte, dass, wenn auch nicht in allen, so doch in vielen Fällen die Absicht der Natur auf Vermeidung der Selbstbefruchtung gerichtet ist, und dass durch Kreuzung kräftigere und zahlreichere Nachkommen entstehen, als durch Selbstbefruchtung (vergl. Darwin „On the fertilisation of Orchids by Insects" London 1877).

---

1) Zusatz zu p. 9.

Seither haben verschiedene Forscher diese Verhältnisse weiter aufgeklärt, so Kerner, Delpino, Hilde-
brand; in besonders vielseitiger und durchgreifender
Weise aber Hermann Müller, der an der einheimi-
schen Blumenflora durch direkte Beobachtung einerseits
feststellte, welche Insekten-Arten die Kreuzungs-Ver-
mittler einer bestimmten Blumenart sind, andrerseits
den Bau der Insekten mit dem der Blumen in Zusam-
menhang betrachtete und die Beziehungen zwischen beiden zu ermitteln suchte. Auf diese Weise gelang es
ihm in vielen Fällen, in den Vorgang der Blumenge-
staltung bis zu einem gewissen Grade einzudringen und
bestimmte Insekten als die „unbewussten Züchter"
gewisser Blumenformen nachzuweisen. Er unterscheidet
nicht nur die von Fäulnissstoffen liebenden Zweiflüglern
hervorgerufenen, widerlich riechenden, meist auch unscheinbaren „Ekelblumen" von den „Falter- und Schwär-
mer-Blumen", sondern auch diese wiederum von den
durch Schlupfwespen gezüchteten, von den „Grabwespen-
Blumen" und den eigentlichen Bienenblumen, sondern er
glaubt auch in einzelnen Fällen (Viola calcarata) nachweisen zu können, dass eine Blume, die ihre ursprüngliche Gestalt der Züchtung durch Bienen verdankt,
später dadurch zu einer Falterblume umgewandelt wurde,
dass sie in die alpine Region emporwanderte, in welcher
die Falter bei weitem die Bienen an Menge über-
treffen.

Wenn auch der Natur der Sache nach manches
Hypothetische in den Deutungen mit unterläuft, welche
er den einzelnen Theilen der Blume gibt, so ist doch

die grosse Mehrzahl derselben sicherlich richtig und
es ist gewiss von grossem Interesse, zu sehen, bis in
welche Einzelheiten und „Kleinigkeiten" hinein die Bau-
und Färbungsverhältnisse der Blumen sich als Anpassungen
verstehen lassen [1]).

Ueber den A d e r v e r l a u f d e r B l ä t t e r und seine
Bedeutung für die Funktion des Blattes hat S a c h s
(„Vorlesungen über Pflanzen-Physiologie" Leipzig 1882
p. 58 und folgende) sehr einleuchtende Aufklärungen gegeben. Er zeigt, wie die Nervatur des Blattes in jedem
einzelnen Fall gerade so beschaffen ist, wie sie sein
muss, um ihren Zweck vollständig zu erfüllen. Sie hat
zunächst die Aufgabe, die Zu- und Abfuhr der Nähr-
stoffe zu besorgen, weiter aber soll sie die dünn ausge-
breitete, assimilirende Chlorophyllschicht gespannt erhalten und „flach ausgebreitet dem Lichte darbieten";
endlich aber wird sie dazu verwendet, das Blatt vor
dem Zerreissen zu schützen. In sehr überzeugender
Weise wird gezeigt, wie aus diesen drei Principien heraus
sich die ganze Mannigfaltigkeit der Blatt-Nervatur verstehen lässt. Auch hier also, wo man früher nur ein
verwirrendes Chaos mehr zufälliger Gestaltungen, ein
reines Spiel der Natur mit Formen zu sehen glaubte,
herrscht Zweckmässigkeit.

---

1) Vergl. H e r m a n n M ü l l e r „Die Befruchtung der Blumen
durch Insekten und die gegenseitigen Anpassungen Beider". Leipzig
1873 und ausserdem noch viele Aufsätze im „Kosmos" und andern
Zeitschriften.

4. Ueber die behauptete Vererbung erworbener Veränderungen [1]).

Wenn oben gesagt wurde: „Vererbung künstlich erzeugter Krankheiten ist nicht beweisend", so bezieht sich dies auf die einzigen Versuche, welche meines Wissens bis jetzt für die Vererbbarkeit erworbener Eigenschaften angeführt werden konnten, auf die Versuche von Brown-Séquard [2]) an Meerschweinchen. Bekanntlich erzeugte derselbe an Meerschweinchen künstlich Epilepsie, indem er gewisse Theile des centralen oder auch des peripherischen Nervensystems durchschnitt. Die Nachkommen dieser mit erworbener Epilepsie behafteten Thiere erbten mitunter die Krankheit der Aeltern.

Die Versuche sind später von Obersteiner [3]) in Wien wiederholt und in sehr präciser und vollkommen objectiver Weise dargestellt worden. An der Thatsache selbst ist nicht zu zweifeln; dass wirklich einzelne Junge künstlich epileptischer Thiere in Folge der Krankheit ihrer Aeltern wieder Epilepsie bekommen haben, darf als

---

1) Zusatz zu p. 21.

2) Brown-Séquard „Researches on epilepsie; its artificial production in animals and its etiology, nature and treatment". Boston 1857. Ausserdem verschiedne Aufsätze im Journal de physiologie de l'homme Bd. I und III 1858 und 1860, und in „Archives de physiologie normale et pathologique" Bd. I—IV, 1868—1872.

3) „Oesterreichische medicinische Jahrbücher" Jahrgang 1875, p. 179.

feststehend angenommen werden, allein meines Erachtens
hat man kein Recht, daraus den Schlus zu ziehen, dass
erworbene Charaktere vererbt werden können, denn
Epilepsie ist kein morphologischer Charakter, sondern eine Krankheit. Von Vererbung
eines morphologischen Charakters könnte doch nur dann
die Rede sein, wenn hier durch die Nervenverletzung
eine bestimmte morphologische Veränderung gesetzt
würde, welche zugleich Ursache der Epilepsie wäre, und
welche sich bei den Jungen ebenfalls zeigte und auch
dort die Krankheitserscheinungen der Epilepsie hervor-
riefe. Dass es sich aber so verhält, ist nicht nur nicht
nachgewiesen, sondern ist sogar in hohem Grade unwahrscheinlich. Nachgewiesen ist nur, dass viele der Jungen
solcher künstlich epileptisch gemachter Aeltern klein,
schwächlich, marastisch sind, oft bald absterben, dass
andere Lähmungserscheinungen an verschiednen Körpertheilen zeigen, an der einen oder an beiden hintern
oder auch an den vordern Extremitäten, andere wieder
trophische Lähmungen an der Hornhaut des Auges, die
zu Entzündung und Vereiterung derselben führen. In
ganz seltenen Fällen zeigen die Jungen neben solchen
paretischen Erscheinungen auch noch die Neigung, auf
einen gewissen Hautreiz hin in jene tonischen und
klonischen Krämpfe zu verfallen, verbunden mit Verlust
des Bewusstseins, wie sie das Bild des epileptischen An-
falls darstellen. Unter 32 Jungen epileptischer Aeltern
waren nur zwei derartige, und beide gingen, „da sie
wenig lebensfähig waren“, in kurzer Zeit zu Grunde.
Die Versuche sind ja in jedem Fall höchst interes-

sant, aber man kann doch nicht sagen, dass hier eine
bestimmte morphologische Abänderung, welche bei den
Aeltern künstlich hervorgerufen wurde, sich auf die
Kinder vererbt habe. Nicht der Defekt in dem durch-
schnittenen Nervenstamm, oder das Fehlen eines heraus-
geschnittnen Stückes Gehirn vererbt sich. Was sich
vererbt, ist vielmehr ein Krankheitsbild, und es fragt
sich doch erst, worauf die Entstehung dieser Krankheit
im Nachkommen beruht. Das bestimmte Krankheitsbild
der Epilepsie überträgt sich aber nicht einmal immer,
oder in v i e l e n, sondern nur in sehr wenigen Fällen
und auch in diesen nicht rein, sondern vermengt mit
andern Krankheitssymptomen. Die Jungen sind entweder
ganz gesund — 13 von 30 Fällen —, oder sie sind mit
den oben genannten verschiednen Funktionsstörungen des
Nervensystems, motorischen und trophischen Lähmungen
behaftet, wie sie durchaus gar nicht zur Epilepsie gehören.

Wenn man also den Sachverhalt genau ausdrücken
will, so wird man nicht sagen dürfen, die Epilepsie vererbt sich auf die Nachkommen, sondern vielmehr: derartige künstlich epileptisch gemachte Thiere übertragen
auf einen Theil ihrer Nachkommen d i e A n l a g e z u
v e r s c h i e d e n e n N e r v e n k r a n k h e i t e n, zu m o t o -
r i s c h e n, weniger zu s e n s i b e l n, in ausgesprochner
Weise aber zu t r o p h i s c h e n Nervenlähmungen; in selt-
neren Fällen, und zwar in solchen, in welchen die Lähmungserscheinungen einen hohen Grad erreicht haben,
überträgt sich auch die Epilepsie.

Wenn man nun bedenkt, dass doch schon eine be-

trächtliche Zahl von Krankheiten bekannt ist, welche
auf der Anwesenheit eines lebendigen Krankheitserregers
im Körper beruhen und welche durch diese Krankheits-
erreger von einem auf den andern Organismus übertragen
werden können, dürfte man da nicht allein schon aus
den eben angeführten Thatsachen mit grösserem Recht
an einen noch unbekannten Bacillus denken, der seinen
Nährboden in der Nervensubstanz hat, als an eine morphologische Aenderung, etwa in der histologischen oder
molekülaren Struktur eines bestimmten Hirntheils? Jedenfalls würde sich die Uebertragung einer solchen
Strukturänderung auf die Keimzelle schwieriger verstehen
lassen als die Uebertragung eines Bacillus durch Eindringen desselben in die älterliche Sperma- oder Eizelle. Für
die Möglichkeit des Ersteren liegt noch keine einzige
Thatsache vor, Letzteres ist für Syphilis, Blattern und
neuerdings auch für Tuberkulose [1]) wahrscheinlich geworden, wenn auch der Bacillus selbst im Ei oder der Samenzelle noch nicht gesehen wurde; für die Muscardine-
Krankheit der Seidenraupe ist es aber sicher erwiesen.
Jedenfalls lässt sich auf diese Weise verstehen, warum
die Jungen v e r s c h i e d e n e Formen von Nervenkrank-
heiten bekommen, was unverständlich bleibt, wenn man
annehmen will, es finde hier eine wirkliche Vererbung,

---

1) Auch bei |Tuberkulose ist jetzt eine direkte Uebertragung
des Krankheits-Erzeugers durch den Keim wahrscheinlich geworden, nachdem bei einem achtmonatlichen Kalbsfotus in den Lungen
Tuberkel-Bacillenhaltige Knötchen nachgewiesen wurden, während die
Mutter in hohem Grade an Lungen-Tuberkulose litt. Eine Infektion
durch die Placentar-Gefässe wäre freilich wohl nicht ganz auszuschliessen. Vergl. „Fortschritte der Medicin" Bd. III, 1885 p. 198.

d. h. eine erbliche Uebertragung eines morphologischen
Charakters statt, einer krankhaften Strukturveränderung
irgend eines Nervencentrums.

Auch die Art, wie die künstliche Epilepsie nach
der Operation sich zeigt, spricht für die infektiöse Natur
der Krankheit in diesen Fällen. Einmal folgt Epilepsie nicht blos einer bestimmten Verletzung des Nervensystems nach, sondern den verschiedensten. Brown-
Séquard rief sie hervor, indem er ein Stück der
grauen Substanz des Gehirns herausschnitt, ferner, indem
er das ganze Rückenmark durchschnitt, oder nur die
eine Seitenhälfte, oder nur die Hinterstränge desselben,
oder nur die Vorderstränge, oder indem er nur einen
Stich ins Rückenmark ausführte. Am wirksamsten schie-
nen die Verletzungen des Rückenmarks in der Strecke
vom 8. Brust- bis 2. Lendenwirbel zu sein, allein der
Erfolg trat auch zuweilen nach der Verletzung jedweden
andern Abschnittes ein. Ferner trat Epilepsie ein nach
Durchschneidung des Nervus ischiadicus, des Nervus popli-
taeus internus, der hintern Wurzeln für die Nerven des
Beins. In allen diesen Fällen entwickelt sich
die Krankheit erst im Laufe von Tagen oder
Wochen, und erst wenn 6—8 Wochen nach der Operation
vergangen sind, ohne dass ein Anfall aufgetreten ist, kann
man nach Brown-Séquard sicher sein, dass die Operation erfolglos war. Obersteiner sah stets erst „einige
Tage nach der Durchschneidung eines Nervus ischiadicus" die ersten Symptome einer beginnenden Erkrankung
einsetzen: „an einer gewissen Parthie des Kopfes und
Halses, auf der Seite der Operation nimmt die Empfind-

lichkeit ab"; „kneift man das Thier an dieser, Zone epi-
leptogène genannten Gegend, so krümmt es sich nach
der Seite der Verletzung, und es erfolgen einige heftige
Kratzbewegungen mit dem Hinterbein derselben Seite;
wartet man wieder einige Tage, mitunter mehrere Wochen, so wird nach Kneifen in der Zone mit diesen
Kratzbewegungen ein vollständiger epileptischer Anfall
eingeleitet". Die Veränderung, welche die Durchschneidung an dem Nervenstamm verursacht, ist also offenbar
nicht die direkte Ursache der Epilepsie, sondern nur die
Einleitung zu einem Krankheitsprocess, der sich vom
Nerven aus centripetalwärts fortsetzt nach irgend einem
wie es scheint in der Pons und im verlängerten
Mark, nach Andern [1]) in der Hirnrinde gelegenen Centrum. Nach der Ansicht Nothnagel's [2]) müssen in
jenem Centrum gewisse, ihrem Wesen nach noch völlig
unbekannte, vielleicht histologische, vielleicht auch
nur „moleküläre" Veränderungen hervorgerufen werden, welche eine funktionelle Veränderung, nämlich
eine erhöhte Irritabilität der dort liegenden grauen Nervencentren, hervorrufen.

Nothnagel selbst hält es für „möglich, ja für
wahrscheinlich", dass in den Fällen, in welchen Epilepsie
auf Nervendurchschneidung folgte, eine Neuritis ascendens

---

1) Vergl. Unvericht „Experimentelle und klinische Untersuchungen über die Epilepsie". Berlin 1883. In Bezug auf die Frage
der Vererbung ist es gleichgültig, an welchem Punkte des Gehirns das
epileptische Centrum liegt.
2) Vergl. Ziemssen's Handbuch der spec. Pathologie und The-
rapie Bd. XII, 2. Hälfte; Artikel: „Epilepsie und Eklampsie".
Leipzig 1877.

d. h. also eine am Nerven sich hinaufziehende Entzündung die Ursache der centralen Veränderungen sei.
Nach dem, was wir heute von Bakterien und den durch
sie erzeugten Krankheitsprocessen wissen, fände wohl die
oben geäusserte Vermuthung, dass es sich in diesen
Fällen um eine Infektionskrankheit handelt, in dieser
von N o t h n a g e l angenommenen Neuritis ascendens eine
nicht unwesentliche Stütze. Nimmt man aber noch hinzu,
dass die Nachkommen solcher künstlich epileptischen
Thiere selbst wieder epileptisch werden können, in den
meisten Fällen aber überhaupt nur nervenkrank werden,
bald in diesem bald in jenem Theil, bald mehr lokal,
bald ganz allgemein (Marasmus in Folge trophischer
Nervenstörungen), so wüsste ich wahrlich nicht, in welch'
anderer Weise man ein Verständniss dieser Thatsachen
gewinnen wollte, als durch die Annahme, dass es sich in
diesen Fällen traumatischer Epilepsie — wenn ich so sagen darf — um eine Infektionskrankheit handelt, angeregt
durch Mikrobien, deren Nährboden die Nervensubstanz
ist und deren erbliche Uebertragung auf ihrem Eindringen in die Eizelle und in das Spermatozoon beruht.

O b e r s t e i n e r fand, dass die Jungen häufiger krank
waren, wenn die Mutter, als wenn der Vater epileptisch
war. Die Eizelle ist eben dem Samenfaden tausendmal
an Masse überlegen, wird also auch häufiger von Mikrobien inficirt werden und zahlreichere enthalten können.

Es versteht sich, dass damit nicht gesagt sein soll,
dass j e d e Epilepsie auf Infektion, oder auf der Anwesenheit von Mikrobien im Nervensystem beruhen müsse.
W e s t p h a l erzeugte Epilepsie, indem er den Meer-

schweinchen einen oder mehrere starke Schläge auf den Kopf versetzte, und hier trat der epileptische Anfall s o - f o r t ein und wiederholte sich später von selbst wieder. Von Mikrobien kann also hier keine Rede sein, die Erschütterung muss vielmehr hier dieselben morphologischen und funktionellen Veränderungen in den Centren des Pons und der Medulla oblongata hervorgerufen haben, wie sie in jenen andern Fällen durch das Eindringen von Mikrobien hervorgerufen wurden. N o t h n a g e l sagt auch in Uebereinstimmung damit ausdrücklich: „Wahrscheinlich liegt der Epilepsie überhaupt nicht e i n e gleichmässige, stets wiederkehrende histologische Veränderung zu Grunde; vielmehr möchten verschiedenartige anatomische Alterationen den sie bildenden Symptomenkomplex hervorrufen können, vorausgesetzt, dass diese Alterationen immer die gleichen (anatomisch und auch physiologisch gleichwertigen) Partien in Brücke und verlängertem Marke betreffen" (a. a. O. p. 269). Wie ein sensibler Nerv durch verschiedene Reizungen als Druck, Entzündung, Malaria-Infection zu derselben Reaktion, zu S c h m e r z veranlasst wird, so könnten auch jene Nervencentren durch verschiedene Reize zu Auslösungen jener Krampf-Anfälle und ihren weiteren Folgen veranlasst werden, die wir Epilepsie nennen. Solche Reize wäre bei den W e s t p h a l'schen Fällen starke mechanische Erschütterung, bei den B r o w n - S é q u a r d' schen das Eindringen von Microbien.

Mag nun diese Ansicht richtig sein oder nicht, in keinem Fall wird man sich irgend eine Vorstellung davon machen können, wie es möglich sein soll, dass eine

morphologische, erworbene Abänderung, die nicht grob
anatomisch, ja wahrscheinlich auch nicht histologisch,
sondern die rein molekülarer Art ist, sich derart auf
die Keimzellen des betreffenden Individuums übertragen
sollte, um dort eine Veränderung in der feinsten Molekülarstruktur des Keimplasma's zu veranlassen, und
zwar eine solche, die zur Folge hat, dass diese Keimzelle, wenn sie befruchtet wird und sich zum neuen
Thier aufbaut, zu der nämlichen epileptogenen Molekularstruktur jener Nerven-Elemente in dem grauen Kern
des Pons und der Medulla oblongata führte, wie sie die
Aeltern erworben hatten! Wie sollte das geschehen?
Was sollte überhaupt in die Ei- oder Samenzelle hinein-
geführt werden, damit sie die betreffende Veränderung
erlitte? Darwin'sche „Keimchen" vielleicht? aber diese
repräsentiren ein jedes eine Zelle; hier aber haben wir
es nur mit Molekülen oder Molekülgruppen zu thun,
man müsste also für jede Molekülgruppe ein besonderes
Keimchen annehmen und somit die ohnehin schon unendliche Zahl der Keimchen noch um etliche Milliarden
vermehrt denken! Aber gesetzt selbst, die Theorie der
Pangenesis sei richtig, es cirkulirten wirklich „Keimchen"
im Körper und unter ihnen auch solche von jenen er-
krankten Gehirnelementen, und auch von Letzteren ge-
langte ein Theil in die Keimzellen des Thieres, zu welch'
abenteuerlichen Vorstellungen führte die weitere Verfol-
gung dieser Idee. Welch' umfassbare Menge von Keimchen müssten sich da in einem einzigen Samenfaden
zusammenfinden, wenn jedes Molekül oder jede Molekülgruppe (Micell) des ganzen Körpers, welche zu irgend

einer Periode der Ontogenese an ihm Theil genommen hatte, nun auch in der Keimzelle durch ein Keimchen vertreten sein müsste! Und doch wäre dies die unvermeidliche Consequenz der Annahme, dass erworbene Molekülarzustände bestimmter Zellgruppen sich vererben könnten. Nur mittelst einer Evolutionstheorie — und die Pangenesis Darwin's ist nichts Anderes — könnte dies theoretisch verständlich gemacht werden, d. h. durch die Annahme, dass die einzelnen Theile und Entwicklungszustände des Körpers als besondere Stückchen Materie schon im Keim enthalten wären, als Anlagen, die den betreffenden Theil und den betreffenden Zustand des Theils aus sich hervorgehen liessen, wenn die Reihe sich zu entwickeln an sie gekommen wäre.

Ich will nur kurz darauf hinweisen, in welche unlösbare Widersprüche man durch eine solche Theorie verwickelt würde. Ein und derselbe Körpertheil müsste durch eine Vielheit von Keimchen in Ei- oder Spermazelle vertreten sein, die den verschiedenen Entwicklungsstufen desselben entsprächen. Denn wenn Keimchen von jedem Theil des Körpers abgegeben werden, die diesen Theil, so wie er gerade augenblicklich ist, später beim Aufbau des jungen Thieres wieder bilden können, so müssen besondere Keimchen für jede Entwicklungsstufe abgegeben werden, wie dies Darwin in seiner „provisorischen Hypothese" der Pangenesis auch ganz folgerichtig annimmt. Nun ist aber doch die Ontogenese eines jeden Theils ein Continuum und setzt sich in Wahrheit nicht aus getrennten Stufen

zusammen, sondern diese „Stufen" sind von uns
in den kontinuirlichen Gang der Ontogenese
hineingetragen! Wir bilden hier wie überall in der
Natur künstliche Abtheilungen, um uns dadurch den
Ueberblick möglich zu machen und feste Punkte zu gewinnen inmitten des ununterbrochenen Formenflusses.
Wie wir Arten im Verlauf der Phylogenese unterscheiden, während doch in Wahrheit nur allmähliche Umwandlungen ohne scharfe Grenzlinien stattgefunden haben, so
sprechen wir auch von Stadien in der Ontogenese, während doch nie zu sagen ist, wann die eine Entwicklungsstufe aufhört und die folgende anfängt. Diese einzelnen „Stufen" aber sich im Keim als
besondere „Anlagen" zu denken, scheint mir
doch eine etwas kindliche Vorstellung zu sein, ähnlich
derjenigen, welche den jugendlichen Schädel des heiligen
Laurentius in Madrid, den erwachsenen in Rom aufbe-
wahrt sein lässt.

Zu solchen Vorstellungen aber wird man nothwendig
getrieben, wenn man die Vererbung erworbener Eigenschaften annimmt. Und doch gibt eine Evolutionstheorie allein noch die Möglichkeit, eine Erklärung zu
versuchen; eine epigenetische Theorie kann daran
gar nicht denken. Nach einer solchen enthält der Keim
keine vorgebildeten Anlagen, sondern er ist in seiner
Gesammtheit so beschaffen, seiner chemischen und molekülaren Zusammensetzung nach, dass unter bestimmten
Verhältnissen aus ihm ein bestimmter zweiter Zustand hervorgeht — ich will z. B. sagen: die zwei ersten Furchungszellen —; diese sind wiederum so beschaffen, dass aus

ihnen nur ein ganz bestimmter dritter Zustand hervorgehen kann — die vier ersten Furchungszellen, und
zwar die einer ganz bestimmten Species und eines ganz
bestimmten Individuums. Aus dem dritten Zustand
folgt der vierte u. s. w., — und so entsteht schliesslich
ein ausgebildeter Embryo und noch später ein erwach-
senes geschlechtsreifes Thier. Keiner seiner Theile war
im Ei, aus dem es sich entwickelt hat, als besondere
Anlage, als materielles, noch so kleines Theilchen
vorhanden; die Hauptmasse der Materie, aus der das
Thier besteht, ist ja überhaupt erst während seines
Wachthums hinzugekommen. Wenn also in irgend einem
Organ des fertigen Thieres eine ererbte Besonderheit sich
einstellt, so ist dieselbe Folge der vorangehenden Entwicklungszustände, und wenn wir im Stande wären, bis
zur Molekülarstruktur hinab alle diese aus einander her-
vorgegangenen Zustände rückwärts bis zur Eizelle hinab
zu durchschauen, so würden wir auch in dieser irgend
eine minimale Differenz in der Molekülarstructur finden,
die sie von den übrigen Eizellen derselben Art unterscheidet und die die Ursache ist, weshalb auf einer viel
späteren Stufe der Entwicklung jene Besonderheit sich
einstellt. Nur auf diese Weise könnten wir uns die Ursache
der individuellen Unterschiede und also auch der individuellen erblichen Krankheits-Anlagen vorstellen. Die angeborene erbliche Epilepsie, falls sie nicht auch, wie vermuthlich die erworbene, auf Mikrobien beruht, würde in
dieser Weise aufzufassen sein.

Nun fragt es sich aber, wie man sich vorstellen
könne, dass traumatische, also erworbene Epilepsie sich

den Keimzellen mittheilen könne! Offenbar fehlt dazu
auf Grundlage der eben dargelegten epigenetischen Entwicklungstheorie jede Möglichkeit! Denn auf welche
Weise sollte die Keimzelle von der in der Pons Varolii
und der Medulla oblongata eingetretenen Molekülar-
Umstimmung, oder wenn man lieber will: histologischen
Veränderung betroffen werden? Und nehmen wir selbst
einen Augenblick an, trophische Nerveneinflüsse vermöch-
ten vom Gehirn her einen Einfluss auf die Keimzellen
auszuüben, und dieser könnte noch in etwas Anderm bestehen als in besserer oder schlechterer Ernährung, er
vermöchte auch das Keimplasma in seiner sonst so un-
erschütterlichen Molekülarstruktur zu verändern, wie
sollte man sich vorstellen, dass diese Veränderung nun
gerade in dem Sinne erfolgte, wie es nöthig wäre, um
dem Idioplasma die Molekülarstruktur der ersten ontogenetischen Stufe eines Epileptiker-Idioplasma's zu geben? Wie sollte nun die letzte ontogenetische Stufe
der Epileptiker-Ganglienzellen (wie sie in der Pons des
epileptischen Thieres ihren Sitz haben) dem Keimzellen-
Idioplasma desselben Thieres diejenige Veränderung seiner Molekülarstruktur aufprägen können, durch welche
es zum Epileptiker-Keimplasma wird? nicht etwa dadurch, dass etwas hinzugefügt würde — die Epigenesis
kennt keine „Anlagen" in der Form vorgebildeter materieller Besonderheiten —, sondern so, dass die Gesammt-
masse des Keim-Idioplasma's, um ein Minimum in seiner
Molekülarstruktur verändert würde. Mit vollkommenem
Recht betont Nägeli, dass nur das feste Protoplasma
Träger erblicher Anlagen sein kann, nicht das flüssige,

d. h. in Lösung übergegangene. Dafür liefert die Thatsache den unzweifelhaften Beweis, dass der Antheil von
materieller Substanz, welchen der Vater zum Aufbau des
Kindes liefert, fast bei allen Thieren ein ungleich gerin-
gerer ist als der der Mutter, ja bei den Säugethieren
vielleicht nur etwa den „Hundertbillionsten Theil" vom
Antheil der Mutter beträgt, und dass trotzdem die Ver-
erbungsintensität auf Seiten des Vaters ebenso gross ist
als auf der der Mutter [1]). In unserm Fall nun kann
— vom Standpunkt der Epigenese aus — kein Gehirn-
Molekül des epileptischen Thieres zu den Keimzellen in
anderer als gelöster Form gelangen; es kann also auch
kein direkter Zuwachs an Idioplasma ihnen zugeführt
werden, ganz abgesehen davon, dass in den epileptisch
veränderten Gehirnzellen oder -Fasern das letzte Stadium der epileptischen Anlage, in den Keimzellen dagegen das erste enthalten sein muss, dass also ein
solcher Zuwachs nicht einmal etwas nützen könnte!
Man darf bestimmt aussprechen, dass eine andere
als höchstens blos nutritive Beeinflussung
der Keimzellen unter der Voraussetzung der
Epigenese unmöglich ist. Eine nutritive Beeinflussung könnte, denkbarerweise, durch Veränderungen in
dem trophischen Einfluss des Nervensystems auf die
Geschlechtsorgane eintreten, allein durch blosse Ernäh-
rungsdifferenzen kann die Struktur des Idioplasma's
nicht geändert werden, jedenfalls nicht in dem bestimmten Sinn, in dem es hier verändert werden müsste.

Die Vererbung künstlich erzeugter Epilepsie liesse

1) Vergl. Nägeli, a. a. O. p. 110.

sich deshalb weder auf der Grundlage der epigenetischen Entwicklungstheorie erklären, noch auf der der evolutionistischen; sie ist nur zu verstehen unter der Annahme, dass (in diesen Fällen mindestens) die Epilepsie auf der Einschleppung und Anwesenheit von lebendigen Krankheitserregern, von Mikrobien, beruht. Bis jetzt war die Vererbung künstlich erzeugter Krankheiten, eben der Epilepsie, die einzige sichere Thatsache, welche für die Vererbung erworbener Eigenschaften angeführt werden konnte. Ich glaube gezeigt zu haben, dass diese Stütze eine trügerische ist, nicht weil die Thatsache der Uebertragung der Krankheit unsicher wäre, s o n d e r n w e i l s i e n i c h t a u f V e r e r b u n g b e r u h e n k a n n, son- d e r n a u f A n s t e c k u n g d e s K e i m e s b e r u h e n m u s s.

Es ist mir überhaupt, seitdem ich die Vererbung erworbener Eigenschaften angezweifelt habe, kein Fall entgegengehalten worden, der meine Ansicht zu erschüttern im Stande gewesen wäre, wohl aber manche, bei welchen, wie in dem der künstlich erzeugten Epilepsie, zwar die Vererbung feststand, ohne dass es sich aber dabei um einen in Wahrheit erworbenen Charakter gehandelt hätte. So theilte mir Fritz Müller noch kürzlich einen Fall mit, welchen er selbst als „einen kaum anfechtbaren Fall von Vererbung erworbener Eigenschaften" auffasste. Die Beobachtung ist in mehrfacher Beziehung so interessant, dass ich sie hier mittheilen möchte. In dem betreffenden Brief heisst es: „Unter den Beständen zweier Abutilon-Arten, an denen ich nie, weder vorher, noch nachher sechsblättrige Blumen gesehen habe, war eine Pflanze, die einige wenige sechsblättrige Blumen trug. Da diese Blumen mit Blüthenstaub derselben Pflanze unfruchtbar sind, musste ich, um Samen einer solchen sechsblättrigen Blume zu erhalten, dieselbe mit Blüthenstaub einer anderen Pflanze befruchten, die nur fünfblättrige Blumen trug. An einer so erhaltenen Tochterpflanze der sechsblättrigen Mutter und des fünfblättrigen Vaters untersuchte ich nun drei Wochen lang alle Blumen; es waren 145 fünfblättrige, 103 sechsblättrige und 13 siebenblättrige! Während derselben Zeit wurden die Blumen einer anderen, von denselben beiden Eltern, aber von zwei fünfblättrigen Blumen stammenden Pflanze untersucht; es waren 454 fünf- und 6 sechsblättrige, also nur 1,3 $^0|_0$ der letzteren".

Gewiss wird man zugeben müssen, dass die grosse Zahl der abnormen sechsblättrigen Blüthen bei der ersten der beiden Tochterpflanzen auf Vererbung beruhen muss. Allein die Sechsblättrigkeit ist keine e r w o r b e n e , sondern nur eine n e u auftretende Eigenschaft, sie ist nicht die Reaktion des pflanzlichen Organismus auf äussere Reize, sondern zeigte sich bei Pflanzen, die unter denselben äusseren Bedingungen standen wie die übrigen Abutilon-Pflanzen, die nur normale fünfblättrige Blüthen trugen. Sie muss also aus der anererbten Anlage der Pflanze selbst hervorgegangen sein, sei es durch eine spontane Aenderung des Idioplasma's derselben, sei es dadurch, dass in dieser Pflanze grade älterliche Keimplasmen zusammentrafen, deren Combinirung im Tochter-Organismus zu scheinbar oder zu wirklich neuen Cha-

rakteren führen musste. Wir wissen ja, dass das Keimplasma eines jeden Individuums nichts Einfaches ist,
sondern ein sehr Zusammengesetztes; es besteht aus einer Anzahl von Vorfahren-Keimplasmen, die in sehr verschiedener Proportion darin vertreten sind. Obgleich
wir nun über die Wachsthumsvorgänge des Keimplasma's
und der aus ihm hervorgehenden ontogenetischen Idio-
plasma-Stufen direkt Nichts erfahren können, so wissen
wir doch, vornämlich aus den Erfahrungen am Menschen,
dass die Merkmale der Vorfahren in sehr verschiedenen
Combinationen und in sehr verschiedener Stärke bei den
Kindern auftreten. Dies lässt sich etwa durch die Annahme erklären, dass durch die Vereinigung der älterlichen Keimplasmen bei der Befruchtung die in ihnen
enthaltenen verschiedenen Vorfahren-Idioplasmen in verschiedener Weise zusammentreffen, sich verbinden und
dadurch zu verschieden starkem Wachsthum gelangen.
Gleiche Vorfahren-Idioplasmen werden durch ihr Zusammentreffen zur doppelten Wirkung gelangen, entgegen-
gesetzte werden sich aufheben, und zwischen diesen
beiden Extremen werden viele Zwischenstufen möglich
sein. Diese Combinationen werden aber nicht nur im
Momente der Befruchtung eintreten, sondern auch während der ganzen Ontogenese, auf jeder Stufe derselben,
denn jede Stufe hat ein aus Vorfahren-Idioplasma zusammengesetztes Idioplasma.

Wir sind noch nicht weit genug, um im Einzelnen
nachweisen zu können, wieso aus solcher Combinirung
verschiedenartiger Idioplasmen wirklich neue Charaktere hervorgehen können, aber doch scheint mir diese

Auffassung z. B. der Knospen-Variation die bei weitem
natürlichste zu sein. Ein Fall ist auch bekannt, in
welchem sich bis zu einem gewissen Punkt einsehen
lässt, wie ein neuer Charakter auf diese Weise entstehen
kann. Es gibt Kanarienvögel mit Federbüschen auf dem
Kopf, paart man aber zwei solcher Vögel miteinander,
so werden diese, anstatt besonders schöne Federbüsche
zu bekommen, meist kahlköpfig [1]). Die Bildung des
Federbusches beruht darauf, dass die Federn hier spar-
samer stehen, und ein Streif der Haut des Kopfes überhaupt frei von Federn ist. Summirt sich nun diese
sparsame Befiederung von beiden Aeltern her, so entsteht
Kahlköpfigkeit, ein Charakter, der in der Vorfahrenreihe
der heutigen Kanarienvögel wohl kaum je vorgekommen ist.

Worauf es nun beruht, wenn ein Blumenblatt mehr
in einer Blume gebildet wird, wissen wir nicht, so wenig, als wir einsehen können, aus welchen Ursachen der
eine Seestern fünf, der andere sechs Arme hat; in die
Mysterien des Aufeinanderwirkens der zwei älterlichen
Keimplasmen mit ihrer Unzahl von Vorfahren-Idioplasma
erster, zweiter bis xter Ordnung können wir im Einzelnen nicht eindringen, wir können aber trotzdem mit
Bestimmtheit im Allgemeinen sagen, dass derartige Abweichungen das Resultat dieses verwickelten Kampfes
der Idioplasmen in dem sich aufbauenden Organismus ist,
nicht aber das Resultat äusserer Einwirkungen.

Wenn aber von e r w o r b e n e n Charakteren gespro-

---

1) Siehe: D a r w i n „Das Variiren der Thiere und Pflanzen im
Zustand der Domestikation". Stuttgart 1873.

chen wird und zwar in Bezug auf die Frage von der
Umgestaltung der Arten, so können damit nur diejenigen
Veränderungen gemeint sein, welche eben nicht von
innen heraus entstanden sind, sondern als Reaktion
des Organismus auf äussere Einflüsse, vor Allem als
Folge vermehrten oder verminderten Gebrauchs eines
Theils oder Organs. Denn es handelt sich darum, zu
erfahren, ob veränderte Lebensbedingungen, indem sie
das Thier zu neuen Gewohnheiten zwingen, dadurch
allein schon den Organismus direkt umzugestalten ver-
mögen, oder ob die Wirkungen des vermehrten oder
verminderten Gebrauchs auf das einzelne Individuum
beschränkt bleiben und eine Umgestaltung der Art durch
sie auf direktem Wege nicht möglich ist.

Der von Fritz Müller beobachtete Fall ist aber
noch in einer andern Beziehung von Interesse. Er
scheint nämlich gegen meine Auffassung von der Vererbung zu sprechen, gegen die „Continuität des Keimplasma's". Wenn eine einzelne Blume spezielle Abänderungen auf ihre Nachkommen übertragen kann,
welche doch ihre Vorfahren nicht besessen haben, so
liegt der Schluss nahe, dass hier nicht das Keimplasma
der Aeltern in die Keimzellen der betreffenden Blume
gelangt und dort die weiblichen Keimzellen gebildet
haben könnten, sondern dass in der Blume neues Keimplasma entstanden sei. Denn die neuen Eigenschaften
stammen ja eben von dieser Blume und nicht von den
Aeltern. Allein die Sache lässt sich doch auch anders
auffassen. Ein Abutilon-Busch mit vielen Hundert Blumen ist keine einfache Person, sondern ein Stock mit

vielen Personen, deren einzelne durch Knospung
entstanden sind und zwar von dem ersten, aus dem Samen entwickelten Individuum.

Ich habe bisher die Knospung noch nicht in den
Bereich meiner theoretischen Erörterungen gezogen, es
leuchtet aber ein, dass ich von meinem Standpunkte
aus sie durch die Annahme verständlich machen muss,
dass in knospenden Individuen nicht nur unverän der-
tes Idioplasma der ersten ontogenetischen Stufe (Keimplasma), sondern auch soweit verän der tes enthalten
ist, als es dem veränderten Bau der wurzellosen, auf
dem Stamm oder den Aesten entspringenden Sprosse
entspricht. Die Veränderung wird nur eine geringe
sein, vielleicht sogar nur eine ganz unbedeutende, insofern es denkbar ist, dass die Hauptabweichungen der
sekundären Sprosse von der primären Pflanze grossen-
theils von den veränderten Bedingungen abhängen könnten, unter welchen sie sich entwickeln — nicht frei in
der Erde, sondern im Pflanzengewebe. So wird man
sich vorstellen dürfen, dass solches Idioplasma, wenn es
zu einem Blüthenspross auswächst, zugleich diesem und
den in ihm sich entwickelnden Keimzellen den Ursprung
gibt. Damit aber ist das Verständniss der von Fritz
Müller angeführten Beobachtung angebahnt, denn wenn
der ganze Spross, der die Blüthe treibt, aus demselben
specifischen Idioplasma hervorgeht, von dem ein Theil
auch seine Keimzellen bildet, dann erklärt es sich, warum diese Keimzellen dieselben Vererbungstendenzen
enthalten, die auch bei der betreffenden Blume zum
Ausdruck gekommen sind. Dass aber überhaupt an

einem einzelnen Spross Abweichungen vorkommen können, das beruht wieder auf den oben auseinandergesetzten, im Laufe des Wachsthums eintretenden Verschiebungen in der Zusammensetzung des Idioplasma's, in dem verschiedenen Mengenverhältniss, in welchem die verschiedenen Vorfahren-Idioplasmen in ihm enthalten sein können.

Gerade in der F r i t z M ü l l er'schen Beobachtung liegt eine schöne Bestätigung dieser Anschauung. Wäre es nämlich die einzelne Blume, welche ihre Sechsblättrigkeit auf das Plasma ihrer Keimzellen übertrüge, dann verstünde man nicht, warum in dem Gegenversuch, bei der Kreuzung fünfblättriger mit fünfblättriger Blume doch auch einige sechsblättrige Blumen zum Vorschein kamen, die doch sonst zu den grössten Seltenheiten gehören. Eine Erklärung dafür liegt nur in der Annahme, dass das in der Mutterpflanze enthaltene Keimplasma während seines Wachsthums und seiner Verbreitung durch alle Aeste und Sprosse des Stocks an vielen Stellen zu einer solchen Combination sich zusammengeordnet hatte, welche überall da, wo sie allein dominirte, zur Bildung sechsblättriger Blumen führen musste. Ich will dabei gar nicht untersuchen, ob diese Combination etwa als Rückschlag aufgefasst werden kann, oder ob sie ein Novum darstellt. Das ist gleichgültig, aber die sechsblättrigen Blumen des Gegenversuchs beweisen meines Erachtens, dass derartig kombinirtes Keimplasma in der Mutterpflanze verbreitet war und auch in solchen Sprossen vorkam, welche keine sechsblättrigen Blumen hervorbrachten.

5. Zur Entstehung der Jungfernzeugung [1]).

Die Umwandlung der Wechselfortpflanzung (Hetero-
gonie) zu reiner Jungfernzeugung (Parthenogenese) erfolgte offenbar nicht blos aus den im Text erwähnten
Motiven, vielmehr spielen dabei noch verschiedene Um-
stände mit. Auch kann reine Parthenogenese ohne die
dauernde Zwischenstufe der Wechselfortpflanzung zu
Stande kommen. So ist z. B. die reine und ausschliess-
liche Jungfernzeugung, mittelst welcher sich der grosse
blattfüssige Kiemenfuss (Apus) an den meisten seiner
Wohnplätze vermehrt, nicht durch Ausfall ehemaliger
Geschlechtsgenerationen entstanden, sondern vielmehr
einfach durch Wegfall der Männchen und gleichzeitiger
Erwerbung der Fähigkeit der Weibchen, Eier hervorzubringen, die der Befruchtung nicht bedürfen. Wir
sehen dies daraus, dass in diesem Falle hier und dort
noch Kolonien vorkommen, in denen auch Männchen
enthalten sind, oft sogar in bedeutender Zahl, wir würden es aber auch, ohne davon Kenntniss zu haben, daraus
schliessen dürfen, dass der Kiefenfuss nur e i n e Form von
Eiern hervorbringt, nämlich hartschalige Dauereier. Ueber-
rall aber, wo die Parthenogenese zuerst im Wechsel mit
geschlechtlicher Fortpflanzung eingeführt wurde, werden

---

1) Zusatz zu p. 57.

die Dauereier von der Geschlechtsgeneration hervorgebracht, während die Jungferngenerationen dünnschalige
Eier erzeugen, deren Embryo sofort ausschlüpft. Darauf
beruht es eben, dass die Parthenogenese zu einer sehr
raschen Vermehrung der Kolonie führt. Bei dem Kiefenfuss wird diese Vermehrung der Individuenzahl auf ganz
anderem Wege erzielt, nämlich dadurch, dass jedes Thier
Weibchen ist, schon sehr früh anfängt Eier hervorzubringen und damit in steigender Fruchtbarkeit bis zu
seinem Tode fortfährt. Dadurch sammelt sich eine so
ungeheure Zahl von Eiern auf dem Boden der Pfütze
an, die die Kolonie bewohnt, dass nach der Austrock-
nung, bei der nächsten Füllung der Lache mit Wasser
trotz vielfacher Zerstörung und Verschwemmung von Eiern
doch immer noch eine grosse Zahl übrig bleibt, um
einer zahlreichen Kolonie den Ursprung zu geben.

Diese Form der parthenogenetischen Fortpflanzung
ist für solche Fälle besonders passend, in denen die
Art wirkliche vom Wetter völlig abhängige Regenpfützen
bewohnt, die jeden Augenblick wieder verschwinden
können. Hier ist die Zeit, während deren die Kolonie
leben kann, oft eine so kurze, dass sie nicht genügen
würde, um mehrere Generationen durch Sommer- oder
Subitan-Eier auseinander hervorgehen zu lassen; ehe
noch die parthenogenetischen Generationen abgelaufen
wären, müssten alle durch plötzliches Austrocknen der
Pfütze zu Grunde gehen, und die Kolonie wäre damit
ausgestorben, denn die geschlechtliche Generation war
noch nicht aufgetreten, Dauereier also noch nicht gebildet.

Man sollte nun danach denken, dass solche Crusta-

ceen, welche, wie die Daphniden, sich durch diesen Mo-
dus der Wechselfortpflanzung entwickeln, in ganz epheme-
ren Wasser-Ansammlungen überhaupt sich nicht halten
könnten. Allein die Natur hat auch hier einen Weg der
Anpassung gefunden. Wie ich früher gezeigt habe [1]), sind
solche Daphniden-Arten, welche kleine Pfützen bewohnen,
so regulirt, dass sie zwar auch zuerst durch Jungfernzeugung sich vermehren und dann erst auf geschlechtlichem Wege und durch Dauereier, aber nur die erste,
aus den Dauereiern geschlüpfte Generation besteht rein
nur aus Jungfernweibchen; schon die zweite enthält
zahlreiche Geschlechtsthiere, so dass also bei der raschen
Entwicklung der Thiere schon wenige Tage nach Grün-
dung der Kolonie, d. h. nach dem Ausschlüpfen der
ersten Generation, Dauereier gebildet und abgelegt werden,
und damit der Fortbestand der Kolonie gesichert ist.

Aber auch bei den Daphniden kann die Wechsel-
Fortpflanzung in reine Parthenogenese übergehen, und
zwar durch Ausfall der Geschlechtsgenerationen. Bei
einigen Bosmina- und Chydorus-Arten scheint dies ein-
getreten zu sein, wenn vielleicht auch nur an solchen
Kolonien, deren Bestand das ganze Jahr hindurch gesichert ist, also bei Seebewohnern und den Bewohnern
nie zufrierender Wasserleitungen und Brunnen. Aber
auch bei den Insekten ist bei einigen Arten (Chermes
abietis) reine Parthenogenese auf ähnliche Weise entstanden, nämlich durch Ausfall der Männchen bei der
zweiten Generation.

---

1) Weismann, Naturgeschichte der Daphnoiden, Zeitschrift f.
wiss. Zool. XXIII, 1879.

Keineswegs in allen Fällen liegen aber die Nützlich-
keits-Motive, welche wir als Ursache eingetretener Parthenogenese ansehen dürfen, so klar vor. Manchmal
hat es den Anschein, als herrsche dabei die vollste Will-
kür. So besonders bei der Parthenogenese der Muschel-
krebse (Ostracoden). Hier pflanzt sich die eine Art
rein nur durch Jungfernzeugung fort, die andere nur
auf geschlechtlichem Wege, und eine dritte wechselt mit
beiden Fortpflanzungsarten ab. Und doch stehen sich
diese Arten alle sehr nahe, leben häufig miteinander
an denselben Orten und scheinbar auch auf die gleiche
Weise. Es ist aber dabei doch nicht zu vergessen, dass
wir in die Einzelheiten des Lebens so kleiner Thiere
nur mit grosser Schwierigkeit einigermassen eindringen
können, und dass da, wo für unsern Blick ganz gleiche
Lebensverhältnisse vorliegen, dennoch tiefgreifende Unterschiede in Ernährung, Gewohnheiten, Feinden und Wider-
standsmittel gegen Feinde, Angriffsmittel gegen Opfer
bestehen können, die zwei am gleichen Orte lebende
Arten doch auf eine ganz andere Existenz-Basis stellen.
Dies kann nicht nur der Fall sein, sondern dies muss
sogar meist so sein, sonst würden die Arten nicht aus-
einandergewichen sein.

Dass aber selbst bei ganz gleichen Lebensgewohn-
heiten, wie sie ja verschiedenen Kolonien ein und derselben Art zukommen, Verschiedenheit in der Fort-
pflanzungsweise vorkommt, kann entweder darauf beruhen,
dass diese Kolonien unter verschiedenen äusseren Bedingungen leben, wie bei den oben erwähnten Daphniden
Bosmina und Chydorus, oder aber darin, dass der Ueber-

gang von der geschlechtlichen Fortpflanzung zur Parthenogenese nicht in allen Kolonien der Art sich mit gleicher Leichtigkeit und Schnelligkeit vollzieht. Solange in einer Apus-Kolonie immer noch Männchen auftreten, wird die sexuelle Fortpflanzung nicht ganz schwinden können. Wenn wir nun auch die Ursachen, welche das Geschlecht bestimmen, noch durchaus nicht mit Sicherheit bezeichnen können, so darf doch behauptet werden, dass sie in zwei weit von einander getrennten Kolonien verschieden sein können. Sobald aber einmal Parthenogenese ein Vortheil für die Art ist, und ihre Existenz besser sichert als geschlechtliche Fortpflanzung, werden nicht nur solche Kolonien im Vortheil sein, welche weniger Männchen hervorbringen, sondern innerhalb der zweigeschlechtlichen Kolonien müssen auch solche Weibchen im Vortheil sein, deren Eier entwicklungsfähig sind, ohne dass eine Begattung vorhergegangen ist. Bei der Minderzahl der Männchen sind die anderen Weibchen nicht mehr sicher, der Befruchtung theilhaftig zu werden und entwicklungsfähige Eier abzulegen. Mit andern Worten: sobald überhaupt unter solchen Umständen Weibchen vorkommen, deren Eier von sich allein aus entwicklungsfähig sind, so bald muss auch die Entwicklungstendenz auf Beseitigung der geschlechtlichen Fortpflanzung gerichtet sein. Es scheint aber, dass wenigstens im Thierkreis der Gliederthiere die Fähigkeit, parthenogenetische Eier hervorzubringen, weit verbreitet ist.

6. Die Vererbungstheorie von Brooks [1]).

Die einzige Theorie der geschlechtlichen Forpflanzung, welche wenigstens in einem Punkte mit der meinigen übereinstimmt, ist vor zwei Jahren von W. K. Brooks in Baltimore aufgestellt worden [2]). Die Uebereinstimmung liegt darin, dass auch Brooks die geschlechtliche Fortpflanzung als das Mittel ansieht, dessen die Natur sich bedient, um Variationen hervorzubringen. Die Art, wie er sich vorstellt, dass die Variabilität entsteht, ist freilich weit von meiner Ansicht entfernt, wie wir denn überhaupt in der Grundanschauung auseinandergehen. Während ich die Continuität des Keimplasma's als Grundlage meiner theoretischen Auffassung der Vererbung hinstellte und deshalb dauernde und erbliche Veränderlichkeit nur dadurch entstanden denken kann, dass entweder äussere Einflüsse direkt das Keimplasma verändern, oder aber dass individuell verschiedenes Keimplasma zweier Individuen bei jeder Zeugung miteinander gemischt und zu den verschiedensten Combinationen verarbeitet wird, fasst Brooks im Gegentheil auf der Vererbbarkeit erworbener Abänderungen und derjenigen

---

1) Zusatz zu p. 28 u. f.
2) Vergl. W. K. Brooks ,,The law of Heredity a study of the cause of variation and the origin of living organisms.'' Baltimore 1883.

Anschauung, welche ich oben als den „Kreislauf des Keimplasma's" bezeichnete.

Seine Theorie der Vererbung ist eine Modifikation der Darwin'schen Pangenesis. Auch er nimmt an, dass jede Zelle des Körpers höherer Organismen winzige Keimchen abwerfe, aber nicht immer und unter allen Umständen, sondern nur dann, wenn sie unter neue, ungewohnte Bedingungen geräth. Solange die gewöhnlichen Verhältnisse, an welche sie angepasst ist, anhalten, funktionirt die Zelle in ihrer specifischen Weise, als ein Theil des Körpers, sobald aber ihre Funktion gestört wird und ihre Lebensbedingungen ungünstig werden „it throws of small particles which are the germs or gemmules of this particular cell".

Diese Keimchen können dann nach allen Theilen des Organismus gelangen, sie können in ein Eierstocksei eindringen oder in eine Knospe, aber die männliche Keimzelle hat eine besondere Anziehungskraft, sie in sich zu sammeln und aufzuspeichern.

Variabilität entsteht nun nach Brooks dadurch, dass bei der Befruchtung sich jedes Keimchen der Samenzelle mit demjenigen Theil des Eies vereinigt, „der bestimmt ist, im Laufe der Entwicklung zu derjenigen Zelle zu werden, welche der entspricht, von welcher der Keim herstammt".

Wenn nun diese Zelle im Nachkommen sich entwickelt, so muss sie als Bastard Neigung haben zu variiren. Ein Eierstocksei wird sich ganz ebenso verhalten, und so werden die betreffenden Zellen so lange

variabel bleiben, bis eine günstige Abänderung von der
Naturzüchtung aufgegriffen wird. Sobald dies eintritt,
wird die „Keimchenproduktion aufhören, denn da der
durch Selektion bevorzugte Organismus seine Eigenschaften von einem Ei hat, und da dieses seine Eigenschaften auf das Ei der folgenden Generation überträgt,
so wird der betreffende bevorzugte Charakter zum festen
Rassen-Charakter werden und wird von nun an als solcher
von Generation auf Generation übertragen werden.

Auf diese Weise glaubt B r o o k s zwischen D a r w i n
und L a m a r c k zu vermitteln, indem er zwar die äussern
Einflüsse den Körper oder einen Theil desselben variabel
machen, die Natur der siegreichen Variation aber durch
Selektion bestimmen lässt. Ein Unterschied von D a r -
w i n 's Auffassung ist allerdings vorhanden, wenn auch
nicht in der Grundanschauung. D a r w i n lässt auch
den Organismus durch äussere Einflüsse variabel werden
und nimmt an, dass erworbene, d. h. durch äussere
Einflüsse hervorgerufene Abänderungen sich dem Keim
mittheilten und vererbt werden können. Aber nach
seiner Ansicht gibt jeder Theil des Organismus fortwährend Keimchen ab, die sich in den Keimzellen des
Thiers ansammeln können, nach B r o o k s nur solche
Theile, welche sich unter unvortheilhaften Bedingungen
befinden oder deren Funktion gestört ist (p. 82). Auf
diese Weise sucht der geistreiche Verfasser die unglaubliche Anzahl von Keimchen herabzumindern, welche sich
nach D a r w i n 's Theorie in den Keimzellen ansammeln
müssen und dabei zugleich zu zeigen, dass stets gerade

diejenigen Theile variiren müssen, die nicht mehr gut den Lebensbedingungen angepasst sind.

Ich fürchte nur, dass Brooks hier zwei Dinge zusammenwirft, die verschieden sind und die nothwendig getrennt behandelt werden müssen, will man nicht zu unrichtigen Schlüssen gelangen, nämlich die Anpassung eines Körpertheils an den ganzen Körper, und die Anpassung dieses selben Theils an die äussern Verhältnisse. Das Erste kann der Fall sein ohne das Zweite, und wenn das Zweite fehlt, so folgt daraus nicht im Geringsten schon das Erste. Wie sollen Theile abändern, die den äussern Lebensbedingungen zwar schlecht angepasst sind, dagegen mit den übrigen Theilen des Körpers in vollkommener Harmonie stehen? Wenn für das Abwerfen der Variation erzeugenden Keimchen die „Lebensbedingungen" der betreffenden Zellen „ungünstig" werden müssen, so tritt dies doch in einem solchen Fall offenbar nicht ein. Gesetzt die Stacheln eines Igels seien nicht lang, oder nicht spitz genug, um dem Thier hinlänglichen Schutz zu verleihen, so kann doch daraus kein Anlass zum Keimchen-Abwerfen, d. h. zur Variabilität der Stacheln hervorgehen, denn die Matrix der Stacheln befindet sich ja unter vollkommen normalen und günstigen Bedingungen, mögen die Stacheln nun länger oder kürzer sein. Sie werden ja nicht davon betroffen, wenn in Folge zu kurzer Stacheln mehr Igel zu Grunde gehen als für die Art gut ist. Oder nehmen wir eine Raupe, die braun gefärbt ist, viel besser aber grün wäre, wie soll eine ungünstige Bedingung ihrer Hautzellen daraus hergeleitet werden, dass in Folge der braunen Färbung zahlreichere

Raupen von ihren Verfolgern entdeckt werden, als wenn sie grün wären? Und ganz ebenso steht es mit allen Anpassungen! Harmonie der Theile des Organismus ist die erste Bedingung der Lebensfähigkeit des Individuums; ist diese nicht vorhanden, so ist es eben krank, dadurch aber, dass ein Theil oder ein Charakter den äussern Lebensbedingungen nicht genügend angepasst ist, kann nimmermehr diese Harmonie, d. h. also die richtige Ernährung und Functionirung irgend eines Theils, irgend einer Zelle oder Zellengruppe gestört werden. Darwin lässt alle Zellen des Körpers fortwährend „Keimchen" abgeben, und dagegen lässt sich zunächst nichts weiter sagen, als dass es nicht erwiesen und überaus unwahrscheinlich ist.

Ein weiterer wesentlicher Unterschied von Darwin's Pangenesis-Theorie liegt aber darin, dass Brooks den beiderlei Keimzellen eine verschiedene Rolle zuweist, indem er sie — wie oben schon angedeutet wurde — in verschiedenem Grade mit Keimchen beladen oder gefüllt sein lässt, die Eizelle mit viel weniger als die Samenzelle. Ihm ist die Eizelle das konservative Princip, welches der Vererbung der ächten Rasse-Charaktere, oder der Art-Charaktere vorsteht, während er die Samenzelle für das fortschrittliche Element erklärt, welches die Variationen vermittelt.

Die Umwandlung der Arten soll also grösstentheils dadurch zu Stande kommen, dass Theile, die durch äussere Einwirkung in ungünstige Lage versetzt variirt haben, Keimchen abwerfen, diese den Samenzellen zusenden, und dass nun diese Samenzellen durch die Befruchtung die

Variation weiter fortpflanzen. Eine Steigerung der Variation kommt dadurch zu Stande, dass die von der männlichen Keimzelle dem Ei zugeführten „Keimchen" sich im
Ei mit Theilchen „vereinigen oder conjugiren können,
welche ihnen nicht genau äquivalent sind, vielmehr nur
sehr nah verwandt." Brooks nennt dies eine „Bastar-
dirung", und da Bastarde variabler sind als reine Arten,
so müssen also auch solche bastardirte Zellen variabler
sein als andere.

Der Verfasser hat mit vielem Scharfsinn seine Theorie
bis ins Einzelne auszuarbeiten und seine Annahmen, soweit möglich, durch Thatsachen zu stützen versucht. Es
lässt sich auch nicht leugnen, dass es einzelne Thatsachen gibt, die so aussehen, als spiele die männliche
Keimzelle eine andere Rolle bei der Bildung des neuen
Organismus wie die weibliche.

So ist bekanntlich das Resultat der Kreuzung zwischen Pferd und Esel verschieden, je nachdem der Vater
ein Pferd oder ein Esel war. Hengst und Eselin erzeugen das mehr pferdeähnliche Maulthier, Esel und
Stute den dem Esel sehr ähnlichen Maulesel. Ich will
davon absehen, dass viele Autoren, wie Darwin, Flou-
rens und Bechstein, der Meinung sind, dass der Einfluss des Esels überhaupt der stärkere sei, im weiblichen Geschlecht aber weniger stark, und will die Meinung von Brooks annehmen, nach welcher der Einfluss
des Vaters in beiden Fällen grösser ist als der der
Mutter. Verhielte es sich so bei allen Kreuzungen verschiedener Arten, überhaupt bei allen normalen Befruch-
tungen innerhalb derselben Art, dann würden wir aller-

dings auf einen, wenigstens der Stärke nach verschiedenen Einfluss der männlichen und der weiblichen Keimzelle auf das gemeinsame Produkt schliessen müssen.
So verhält es sich aber keineswegs. Selbst bei Pferden
kommt auch der umgekehrte Fall vor. „Gewisse Stuten
von Rennpferden überlieferten stets ihren eignen Charakter, während andere den des Hengstes überwiegen liessen."
Beim Menschen überwiegt ebenso häufig die mütter-
liche als die väterliche Anlage, und obwohl in gewissen
Familien die meisten Kinder dem Vater, in anderen die
meisten der Mutter nachschlagen, so gibt es doch wohl
keine Familie mit zahlreichen Kindern, in denen alle
Kinder vorwiegend demselben Erzeuger nachfolgen. Wenn
wir nun, ohne einstweilen noch der tieferen Ursache
nachzuspüren, das Überwiegen des einen Erzeugers auf
eine grössere Stärke der „Vererbungskraft" beziehen
wollen, so werden wir also aus den Thatsachen nur das
schliessen dürfen, dass diese „Vererbungskraft" selten
oder nie in den beiden zusammen sich conjugirenden
Keimzellen genau gleich ist, sondern dass auch innerhalb derselben Art bald die männliche, bald die weibliche Zelle die stärkere ist, ja dass dass Verhältniss dieser beiden Zellen wechselt, wenn sie von denselben
beiden Individuen herrühren. Wie wären denn
sonst die Kinder derselben Aeltern stets wieder in verschiedener Weise aus den Vererbungstendenzen der beiden Aeltern gemischt? Es müssen also hier die nach-
einander reifenden Eizellen derselben Mutter und ebenso
die Samenzellen desselben Vaters verschieden sein in
der Stärke ihrer Vererbungskraft. Wir können uns so-

mit kaum darüber wundern, dass auch die relative Vererbungskraft der Keimzellen v e r s c h i e d e n e r S p e -
c i e s eine verschiedene ist, wenn wir auch noch nicht
einsehen, warum dies der Fall ist.

Es wäre übrigens nicht so schwierig, sich dies in
allgemeiner Weise nach physiologischen Principien zu-
recht zu legen. Die Menge des Idioplasma's, welche in
einer Keimzelle enthalten ist, ist sehr gering; sie muss
während der Entwicklung des Organismus fort und fort
durch Assimilation vermehrt werden. Sollte nun die
Fähigkeit zu assimiliren beim Keimplasma und den aus
ihm hervorgehenden Idioplasma der verschiedenen ontogenetischen Stufen nicht immer genau gleich sein bei
der männlichen und weiblichen Keimzelle, so würde
sich daraus ein rascheres Wachsthum des väterlichen
oder des mütterlichen Idioplasma's, und damit ein
Ueberwiegen der väterlichen oder der mütterlichen Vererbungstendenzen ergeben. Offenbar gibt es nun niemals
zwei Zellen der gleichen Art, die ganz identisch sind,
und so werden sie auch in Bezug auf ihre Fähigkeit zu
assimiliren kleine Unterschiede besitzen. Daraus erklärt
sich die verschiedene „Vererbungskraft" der in demselben Ovarium entstandenen Eizellen, noch leichter die
verschiedene Vererbungskraft der in den Ovarien oder
Spermarien verschiedener Individuen derselben Art entstandenen Keimzellen, am leichtesten schliesslich die
verschiedene Vererbungskraft der Keimzellen verschiedener Arten.

Natürlich ist diese „Vererbungskraft" immer etwas
r e l a t i v e s , wie man aus den Kreuzungen verschiedener

Arten und Rassen leicht ersieht. So überwiegen bei Kreuzung der Pfauentaube mit der Lachtaube die Charaktere der Ersteren, bei der Kreuzung der Pfauentaube mit der Kropftaube aber die Charaktere der Letzteren[1]).

Nach weniger ausreichend für Begründung der Brook'schen Ansicht scheinen mir die Thatsachen zu sein, welche die Kreuzung von Bastarden mit der reinen Art und der daraus resultirende Grad von Variabilität der Nachkommen an die Hand gibt. Sie scheinen mir alle einer anderen Auslegung fähig als sie ihnen Brooks zu Theil werden lässt. Wenn ferner Brooks für seine Ansicht noch die sekundären Geschlechtsunterschiede herbeizieht, so scheint mir auch hier seine Auslegung der Thatsachen sehr angreifbar. Daraus dass die Männchen bei vielen Thierarten variabler sind oder stärker vom Urtypus abweichen als die Weibchen, kann man doch kaum schliessen, dass sie es sind, die Variabilität erzeugen. Gewiss hat bei vielen Arten das männliche Geschlecht in dem Umwandlungsprocess die Leitung übernommen, das weibliche Geschlecht ist nachgefolgt, allein dafür lassen sich unschwer bessere Erklärungen finden als die Annahme, „that something within the animal compels the male to lead and the female to follow in the evolution of new breeds". Brooks hat mit vielem Scharfsinn einige Fälle herausgefunden, welche sich unter dem Darwin'schen Gesichtspunkt der geschlechtlichen Zuchtwahl nicht mit voller Sicherheit heute schon deuten lassen. Berechtigt dies aber schon

---

[1]) Siehe: Darwin „Variiren der Thiere und Pflanzen im Zustand der Domestikation" Stuttgart 1873. Bd. II, p. 75.

dazu, das Princip für ungenügeud zu halten und seine Zuflucht zu einer Vererbungstheorie zu nehmen, die ebenso complicirt als unwahrscheinlich ist? Die ganze Anschauung von der Uebertragung von „Keimchen" aus den modificirten Körpertheilen in die Keimzellen beruht schon auf der unerwiesenen Voraussetzung: dass erworbene Charaktere vererbt werden können. Die Ansicht aber, dass die männliche Keimzelle eine andere Rolle zu spielen habe bei dem Aufbau des Embryo als die weibliche, scheint mir schon deshalb nicht haltbar, weil sie mit der einfachen Beobachtung in Widerspruch steht, dass die menschlichen Kinder im Ganzen ebensoviel vom Vater als von der Mutter erben können.

Frommannsche Buchdruckerei (Hermann Pohle) in Jena.